应用技术型本科院校机电类专业“十三五”系列规划教材

自动控制原理

ZIDONG KONGZHI YUANLI

主　编　徐江陵
副主编　刘玉娇　徐正宜
杨　珏

合肥工业大学出版社

前　言

进入新世纪以来，随着高等教育大众化步伐的加快，应用型本科教育呈现出快速发展的趋势。党和国家高度重视应用型本科教育的改革和发展，出台了一系列相关的法律、法规、文件，大力推动了应用型本科教育健康有序地发展。与此同时，社会对应用型本科教育的认识在不断加强，高技术应用型人才培养的重要性也正在被越来越多的人所认同。目前，应用型本科专业在高校的招生人数占据了非常重要的地位，是高等教育的重要组成部分，在社会主义现代化建设中发挥着极其重要的作用。

在应用型本科教育大发展的同时，也有许多亟待解决的问题。其中最主要的是按照应用型本科教育培养目标的要求，培养一批具有“德才兼备”的中青年骨干教师；编写一批适合应用型本科学生认知的专业课教材；创建一批教学工作优秀的学校、特色专业和实训基地。

自动控制原理的教材数量非常庞大，但是真正适合应用型本科学生学习的教材却很少。其中最重要的原因是，目前自动控制原理教材编写的话语权始终掌握在相关重点大学相关教授手里，他们的教学经验丰富，所编写的教材经过数十年的锤炼，质量非常好。但是此类教材的难度较大，只适合重点本科的学生学习，不适合应用型本科的学生学习。另外，由于应用型本科发展的时间不长，只有十多年的时间，在教材的编写上没有什么积淀，所以，大多数应用型本科的教师还是选择使用重点本科的高质量的教材。但是，往往教学效果不好，学生普遍反映难度很大，所以本书就应运而生了。本书是在中国高等教育发展从“精英教育”阶段向“大众化教育”阶段转型的形势下，为适应应用型本科学校的教学需要而编写的，内容符合教育部颁布的《自动控制原理教学基本要求》。

本书的特色如下：

(1)注重课程体系的优化，强调基本概念、基本理论和基本工程的应用，在理论综述和公式推导中，尽量精选内容，用经典例题代替一般性文字叙述。

(2)内容精简,突出工科特点,充分考虑教学计划的变更,尽量采用图表,以代替叙述性内容,增加例题和练习题的数量,加强工程技术方法的分析和训练。

本书由徐江陵担任主编,刘玉娇、杨珏、徐正宜担任副主编。第 2 章、第 3 章、第 5 章由徐江陵编写,第 1 章由刘玉娇编写,第 4 章由杨珏编写,第 6 章由徐正宜编写,全书由徐江陵、刘玉娇统稿。本书在编写过程中参考了其他教材的部分内容,在此向相关作者表示诚挚的谢意。

由于编者的水平有限,书中难免有疏漏和不妥之处,敬请广大同行与读者批评指正。

编者

2018 年 7 月

目　录

第1章　自动控制的基本概念 ……………………………………………… (001)

1.1　自动控制理论的发展史 ……………………………………………… (001)

1.2　自动控制系统的示例 ……………………………………………… (004)

1.3　自动控制系统的基本概念 ……………………………………………… (006)

1.4　自动控制系统的基本组成 ……………………………………………… (008)

1.5　自动控制原理的控制方式 ……………………………………………… (009)

1.6　自动控制系统的分类 ……………………………………………… (011)

1.7　对自动控制系统的基本要求 ……………………………………………… (013)

1.8　本课程的主要任务 ……………………………………………… (014)

本章小结 ……………………………………………… (015)

习题 ……………………………………………… (015)

第2章　控制系统的数学模型 ……………………………………………… (016)

2.1　线性系统的微分方程 ……………………………………………… (016)

2.2　非线性方程的线性化 ……………………………………………… (017)

2.3　传递函数 ……………………………………………… (018)

2.3.1　传递函数的定义 ……………………………………………… (018)

2.3.2　传递函数的性质 ……………………………………………… (019)

2.4　系统方框图 ……………………………………………… (019)

2.4.1　系统方框图 ……………………………………………… (019)

2.4.2　方框图的绘制 ……………………………………………… (020)

2.5　典型环节及其传递函数 ……………………………………………… (021)

2.6　方框图的等效变换 ……………………………………………… (026)

2.7　信号流图与梅逊公式 ……………………………………………… (028)

2.7.1　信号流图的基本概念 ……………………………………………… (028)

2.7.2 梅逊公式及其应用 …………………………………………… (030)
2.8 控制系统的典型传递函数 ………………………………………… (032)
本章小结 ……………………………………………………………… (034)
习题 …………………………………………………………………… (034)

第3章 控制系统的时域分析法 ……………………………………… (036)

3.1 控制系统的时域性能指标 ………………………………………… (036)
3.1.1 基本实验信号 ………………………………………………… (036)
3.1.2 控制系统的性能指标 ………………………………………… (038)
3.2 一阶系统的时域分析 ……………………………………………… (039)
3.3 二阶系统的时域分析 ……………………………………………… (042)
3.3.1 二阶系统的数学模型 ………………………………………… (042)
3.3.2 二阶系统的单位阶跃响应 …………………………………… (044)
3.4 二阶系统响应特性的改善 ………………………………………… (049)
3.5 线性系统的稳定性分析 …………………………………………… (052)
3.5.1 系统稳定性概念 ……………………………………………… (052)
3.5.2 线性系统稳定的充分必要条件 ……………………………… (053)
3.5.3 劳斯稳定判据 ………………………………………………… (053)
3.5.4 劳斯稳定判据的特殊情况 …………………………………… (056)
3.5.5 相对稳定性和稳定裕度 ……………………………………… (057)
3.6 系统的稳态误差 …………………………………………………… (058)
3.6.1 误差及稳态误差的基本概念 ………………………………… (058)
3.6.2 系统稳态误差的计算 ………………………………………… (061)
3.6.3 给定信号作用下的稳态误差 ………………………………… (061)
3.6.4 改善系统稳态精度的途径 …………………………………… (066)
本章小结 ……………………………………………………………… (067)
习题 …………………………………………………………………… (067)

第4章 频域分析法 …………………………………………………… (069)

4.1.1 频率特性的基本概念 ………………………………………… (069)
4.1.2 频率特性的表示方法 ………………………………………… (071)
4.2 典型环节的频率特性 ……………………………………………… (073)

4.3　典型环节的频率特性 …… (078)
4.3.1　开环对数频率特性(伯德图)曲线的绘制 …… (079)
4.3.2　系统开环对数频率特性图的绘制 …… (082)
4.4　奈奎斯特稳定判据 …… (083)
4.4.1　系统开环特征式和闭环特征式的关系 …… (084)
4.4.2　奈奎斯特稳定判据 …… (084)
4.4.3　对数频率稳定判据 …… (086)
4.4.4　稳定裕度 …… (087)
本章小结 …… (088)
习题 …… (089)

第5章　系统的校正方法 …… (091)

5.1　校正的基本概念 …… (091)
5.1.1　性能指标 …… (091)
5.1.2　校正系统的结构 …… (092)
5.2　串联校正装置的结构、特性和功能 …… (093)
5.2.1　超前校正装置 …… (093)
5.2.2　滞后校正装置 …… (095)
5.2.3　滞后-超前校正装置 …… (096)
5.3　串联校正的频率响应设计法 …… (097)
5.3.1　串联超前校正 …… (097)
5.3.2　串联滞后校正 …… (099)
5.3.3　串联滞后-超前校正 …… (101)
5.4　几种基本的控制规律 …… (101)
5.4.1　比例控制(P控制) …… (101)
5.4.2　比例+微分控制(PD控制) …… (102)
5.4.3　比例+积分控制(PI控制) …… (102)
5.4.4　比例+积分+微分控制(PID控制) …… (103)
本章小结 …… (104)
习题 …… (104)

第6章 线性离散系统的分析与综合 …………………………………… (106)
6.1 采样过程 …………………………………… (106)
6.2 采样周期的选择 …………………………………… (108)
6.2.1 采样定理 …………………………………… (108)
6.2.2 采样周期的选取 …………………………………… (109)
6.3 信号保持 …………………………………… (110)
6.3.1 零阶保持器 …………………………………… (110)
6.4 Z变换 …………………………………… (111)
6.5 脉冲传递函数 …………………………………… (113)
6.5.1 线性数字控制系统的开环脉冲传递函数 …………………………………… (114)
6.5.2 线性数字控制系统的闭环脉冲传递函数 …………………………………… (115)
6.6 稳定性分析 …………………………………… (117)
6.6.1 s平面与z平面的映射关系 …………………………………… (117)
6.6.2 线性数字控制系统稳定的充要条件 …………………………………… (118)
6.6.3 劳斯稳定判据 …………………………………… (118)
本章小结 …………………………………… (119)
习题 …………………………………… (120)
参考文献 …………………………………… (121)

第1章 自动控制的基本概念

自动控制是指在没有人直接参与的情况下，利用外加的设备或装置，使机器、设备或生产过程的某个工作状态或参数自动地按照预定的规律运行。自动控制技术的研究有利于将人类从复杂、危险、繁琐的劳动环境中解放出来并大大提高控制效率。自动控制是工程科学的一个分支，它利用反馈原理对动态系统的自动影响，使得输出值接近想要的值。从方法的角度来看，是以数学的系统理论为基础。

1.1 自动控制理论的发展史

最早的自动化控制要追溯到我国古代的铜壶漏刻和水运仪象台，而自动化控制技术的广泛应用则开始于欧洲的工业革命时期。英国人瓦特在发明蒸汽机的同时，应用反馈原理，于1788年发明了离心式调速器。当负载或蒸汽量供给发生变化时，离心式调速器能够自动调节进气阀的开度，从而控制蒸汽机的转速。

1. 经典控制理论

在20世纪30年代到40年代，奈奎斯特、伯德、维纳等人为自动控制理论的初步形成奠定了基础。第二次世界大战以后，经过众多学者的努力，在总结了以往的实践和反馈理论、频率响应理论并加以发展的基础上，形成了较为完整的自动控制系统设计的频率法理论。1948年又提出了根轨迹法。至此，自动控制理论发展的第一阶段基本完成。这种建立在频率法和根轨迹法基础上的理论，通常被称为经典控制理论。

经典控制理论以拉氏变换为数学工具，以单输入单输出的线性定常系统为主要的研究对象，将描述系统的微分方程或差分方程变换到复数域中，得到系统的传递函数，并以此作为基础在频率域中对系统进行分析和设计，确定控制器的结构和参数。它通常是采用反馈控制，构成所谓闭环控制系统。经典控制理论具有明显的局限性，突出的是难以有效地应用于时变系统、多变量系统，也难以揭示系统更为深刻的特性。当把这种理论推广到更为复杂的系统时，经典控制理论就显得无能为力了，这是由它的以下几个特点所决定的。

(1)经典控制理论只限于研究线性定常系统，即使对最简单的非线性系统也是无法处理的。

(2)经典控制理论只限于分析和设计单变量系统，采用系统的输入输出描述方式，这就从本质上忽略了系统结构的内在特性，也不能处理输入和输出皆大于1的系统。实际上，大多数工程对象都是多输入多输出系统，尽管人们做了很多尝试，但是，用经典控制理论设计这类系统都没有得到满意的结果。

(3)经典控制理论采用试探法设计系统。即根据经验选用合适的、简单的、工程上易于实现的控制器，然后对系统进行分析，直至找到满意的结果为止。虽然这种设计方法具有实用等很多优点，但是在推理上却是不能令人满意的，效果也不是最佳的，人们自然提出这样一个问题，即对一个特定的应用课题，能否找到最佳的设计？综上所述，经典控制理论最主要的特点是：线性定常对象、单输入单输出、完成整定任务。即便对这些极简单的对象、对象描述及控制任务，其理论也尚不完整，从而促使现代控制理论的发展：对经典理论的精确化、数学化及理论化。

2. 现代控制理论

现代控制理论中首先得到透彻研究的是多输入多输出线性系统，其中特别重要的是对刻画控制系统本质的基本理论的建立，如可控性、可观性、实现理论、典范型、分解理论等，使控制由一类工程设计方法提高为一门新的学科。同时为满足从理论到应用，在高水平上解决很多实际中所提出控制问题的需要，促使非线性系统、最优控制、自适应控制、辨识与估计理论、卡尔曼滤波、鲁棒控制等发展为成果丰富的独立学科分支。

在 20 世纪 50 年代蓬勃兴起的航空航天技术的推动和飞速发展计算机技术的支持下，控制理论在 1960 年前后有了重大的突破和创新。在此期间，贝尔曼提出寻求最优控制的动态规划法，庞特里亚金证明了极大值原理，使得最优控制理论得到极大地发展。卡尔曼系统地把状态空间法引入到系统与控制理论中来，并提出了能控性、能观测性的概念和新的滤波理论。这些就构成了后来被称为现代控制理论的发展起点和基础。

现代控制理论以线性代数和微分方程为主要的数学工具，以状态空间法为基础，分析与设计控制系统。状态空间法本质上是一种时域的方法，它不仅描述了系统的外部特性，而且描述和揭示了系统的内部状态和性能。它分析和综合的目标是在揭示系统内在规律的基础上，实现系统在一定意义下的最优化。它的构成带有更高的仿生特点，即不限于单纯的闭环，而扩展为适应环、学习环等。较之经典控制理论，现代控制理论的研究对象要广泛得多，原则上讲，它既可以是单变量的、线性的、定常的、连续的，也可以是多变量的、非线性的、时变的、离散的。

3. 智能控制理论

一个系统如果具有感知环境、不断获得信息以减小不确定性和计划、产生以及执行控制行为的能力，即称为智能控制系统。智能控制技术是在向人脑学习的过程中不断发展起来的，人脑是一个超级智能控制系统，具有实时推理、决策、学习和记忆等功能，能适应各种复杂的控制环境。

在无人干预的情况下能自主地驱动智能机器实现控制目标的自动控制技术。对许多复杂的系统，难以建立有效的数学模型和用常规的控制理论去进行定量计算和分析，而必须采用定量方法与定性方法相结合的控制方式。定量方法与定性方法相结合的目的是，要由机器用类似于人的智慧和经验来引导求解过程。因此，在研究和设计智能系统时，主要注意力不放在数学公式的表达、计算和处理方面，而是放在对任务和现实模型的描述、符号和环境的识别以及知识库和推理机的开发上，即智能控制的关键问题不是设计常规控制器，而是研制智能机器的模型。此外，智能控制的核心在高层控制，即组织控制。高层控制是对实际环境或过程进行组织、决策和规划，以实现问题求解。为了完成这些任务，需要采用符号信息处理、启发式程序设计、知识表示、自动推理和决策等有关技术。随着人工智能和计算机技术的发展，已经有可能把自动控制和人工智能以及系统科学中一些有关学科分支(如系统工程、系统学、运筹学、信息论)结合起来，建立一种适用于复杂系统的控制理论和技术。智能控制正是在这种条件下产生的。它是自动控制技术的最新发展阶段，也是用计算机模拟人类智能进行控制的研究领域。1965年，傅京孙首先提出把人工智能的启发式推理规则用于学习控制系统。1985年，在美国首次召开了智能控制学术讨论会。1987年又在美国召开了智能控制的首届国际学术会议，标志着智能控制作为一个新的学科分支得到了认可。智能控制具有交叉学科和定量与定性相结合的分析方法和特点。

智能控制与传统的或常规的控制有密切的关系，不是相互排斥的。常规控制往往包含在智能控制之中，智能控制也利用常规控制的方法来解决“低级”的控制问题，力图扩充常规控制方法并建立一系列新的理论与方法来解决更具有挑战性的复杂控制问题。

(1)传统的自动控制是建立在确定的模型基础上的，而智能控制的研究对象则存在模型严重的不确定性，即模型未知或知之甚少者模型的结构和参数在很大的范围内变动，比如工业过程的病态结构问题、某些干扰的无法预测，致使无法建立其模型，这些问题对基于模型的传统自动控制来说很难解决。

(2)传统的自动控制系统的输入或输出设备与人及外界环境的信息交换很不方便，希望制造出能接受印刷体、图形甚至手写体和口头命令等形式的信息输入装置，能够更加深入而灵活地和系统进行信息交流，同时还要扩大输出装置的能力，能够用文字、图纸、立体形象、语言等形式输出信息。另外，通常的自动装置不能接受、分析和感知各种看得见、听得着的形象、声音的组合以及外界其他的情况。为扩大信息通道，就必须给自动装置安上能够以机械方式模拟各种感觉的精确的送音器，即文字、声音、物体识别装置。可喜的是，近几年计算机及多媒体技术的迅速发展，为智能控制在这一方面的发展提供了物质上的准备，使智能控制变成了多方位“立体”的控制系统。

(3)传统的自动控制系统对控制任务的要求要么使输出量为定值(调节系统)，要么使输出量跟随期望的运动轨迹(跟随系统)，因此具有控制任务单一的特点，而智能控制系统的控制任务可以比较复杂，例如在智能机器人系统中，它要求系统对一个复杂的任务具有自动规划和决策的能力，有自动躲避障碍物运动到某一预期目标位置的能力等。对于这些具有复杂的任务要求的系统，采用智能控制的方式便可以满足。

(4)传统的控制理论对线性问题有较成熟的理论，而对高度非线性的控制对象虽然有一些非线性方法可以利用，但不尽人意。而智能控制为解决这类复杂的非线性问题找到了一个出路，成为解决这类问题行之有效的途径。工业过程智能控制系统除具有上述几个特点外，又有另外一些特点，如被控对象往往是动态的，而且控制系统在线运动，一般要求有较高的实时响应速度等，恰恰是这些特点又决定了它与其他智能控制系统如智能机器人系统、航空航天控制系统、交通运输控制系统等的区别，决定了它的控制方法以及形式的独特之处。

(5)与传统自动控制系统相比，智能控制系统具有足够的关于人的控制策略、被控对象及环境的有关知识以及运用这些知识的能力。

(6)与传统自动控制系统相比，智能控制系统能以知识表示非数学广义模型和以数学表示混合控制过程，采用开闭环控制和定性及定量控制结合的多模态控制方式。

(7)与传统自动控制系统相比,智能控制系统具有变结构特点,能总体自寻优,具有自适应、自组织、自学习和自协调能力。

(8)与传统自动控制系统相比,智能控制系统有补偿及自修复能力和判断决策能力。

总之,智能控制系统通过智能机自动地完成其目标的控制过程,其智能机可以在熟悉或不熟悉的环境中自动地或人-机交互地完成拟人任务。

1.2 自动控制系统的示例

1. 热力系统

该控制系统如图 1-1 所示,其工作原理:水箱中流入冷水,热蒸汽经阀门并流经热传导器件,通过热传导作用将冷水加热,加热后的水流出水箱。若由于某种原因,水箱中的水温(即系统的输出值)低于给定值(即系统的输入值)所要求的水温,则温度测量元件将检测到的水温值转换成与给定值相同的电压物理量,并与给定水温的电压信号同时加在放大器的输入端,即可比较大小,其差值信号经放大器放大后,驱动执行电动机,将阀门的开度增加,使更多蒸汽流入,从而使水温上升,直至实际水温与给定值相符为止。反之,当水温偏高时,同样亦可进行相应的调节。这样,就实现了没有人直接参与情况下的自动水温控制。如果水温与给定值相符,则没有差值信号,控制器就不产生控制信号,当然也就不必改变阀门的开度了。在上述系统中,环境温度的变化以及输入冷水温度的变化等,都可看作是系统的外部干扰。

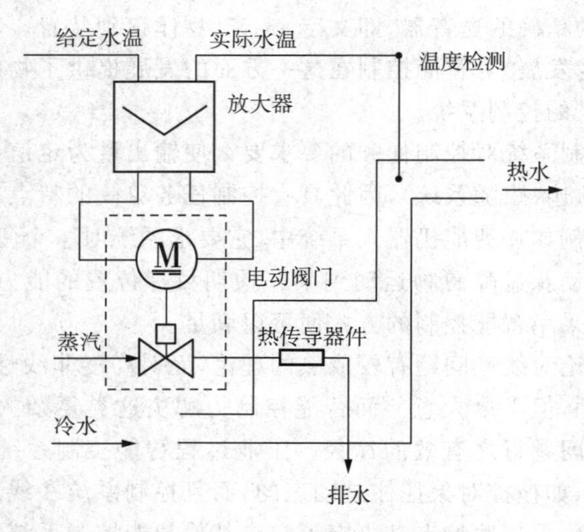

图 1-1 热力系统的闭环反馈控制

2. 轧钢机

图 1-2 为轧钢机计算机控制系统的示意图。在该控制系统中,其任务是使轧出钢板的厚度等于预定的厚度。由厚度传感器测量钢板的厚度,把数据输入到数字计算机,与厚度的给定值相比较,经过计算机按一定的规律计算后,输出的信号经过 D-A 变换后输入到伺服

机构中取操纵轧辊。其功能框图如图1-2所示。

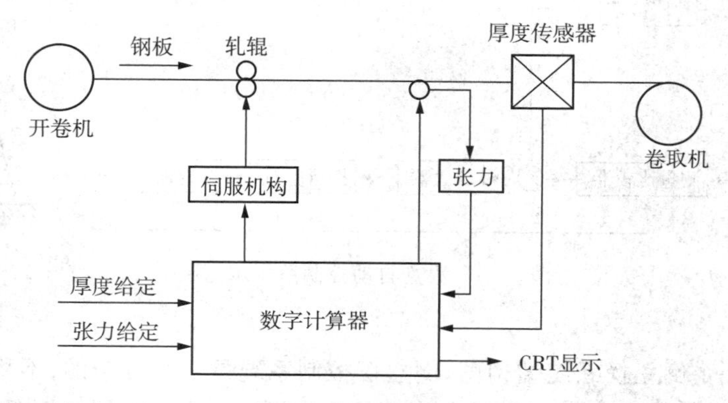

图1-2　轧钢机计算机控制系统

3. 数控机床

数控机床系统方框图如图1-3所示，根据对工件的加工要求，事先编制出控制程序，作为系统的输入量送入计算机。与工具架连接在一起的传感器，将刀具的位置信息变换为电压信号，再经过模一数转换器变为数字信号，并作为反馈信号送入计算机。计算机将输入信号与反馈信号比较，得到偏差信号，随后经数模转换器将数字信号转变为模拟电压信号，经功率放大后驱动电动机，带动刀具按期望的规律运动。系统中的计算机还要完成指定的数学运算等，使系统有更高的工作质量。图中的测速电机反馈支路是用来改善系统性能的。

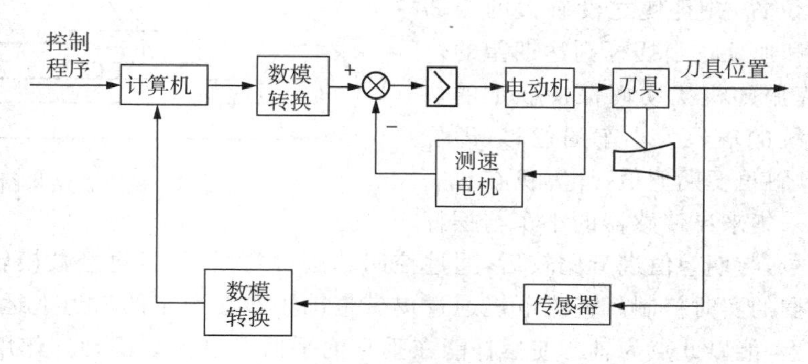

图1-3　数控机床控制系统原理图

4. 自行火炮

图1-4为火炮自动控制系统原理方框图。它是在闭环控制回路的基础上，附加一个输入信号的顺向通路，顺向通路由对输入信号的补偿装置组成，因此，它是一个按输入信号补偿的复合控制系统。火炮对空射击时，要求炮身方位角 θ_c 与指挥仪给定的方位角 θ_r 一致。为了保证炮身能准确跟随高速飞行的目标，提高跟踪精度，所以，从指挥仪引出方位角的速度信号 θ_r，通过补偿装置形成开环控制信号，由于方位角速度信号总是超前于方位角信号，所以只要补偿装置选择合适，就能使炮身按照指挥仪的方位角信号以及所要求的角速度准确地跟踪目标。

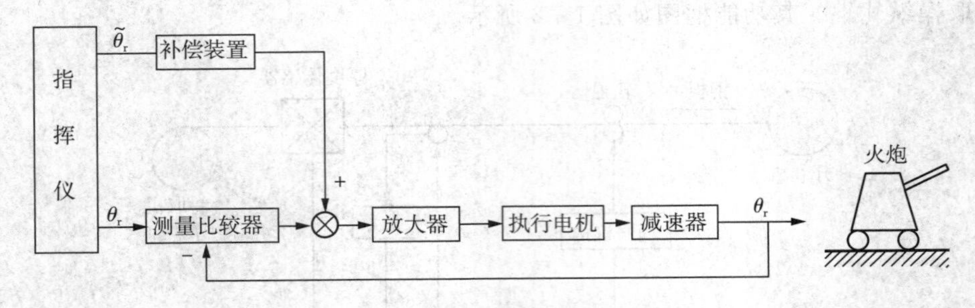

图 1-4　火炮自动控制系统示意图

5. 倒立摆

图 1-5 是一个倒立摆系统结构图，倒立摆控制系统是一个复杂的、不稳定的、非线性系统，是进行控制理论教学及开展各种控制实验的理想实验平台。对倒立摆系统的研究能有效地反映控制中的许多典型问题，如非线性问题、鲁棒性问题、镇定问题、随动问题以及跟踪问题等。通过对倒立摆的控制，用来检验新的控制方法是否有较强的处理非线性和不稳定性问题的能力。同时，其控制方法在军工、航天、机器人和一般工业过程领域中都有着广泛的用途，如机器人行走过程中的平衡控制、火箭发射中的垂直度控制和卫星飞行中的姿态控制等。

倒立摆系统按摆杆数量的不同，可分为一级、二级、三级倒立摆等，多级摆的摆杆之间属于自由连接（即无电动机或其他驱动设备）。倒立摆的控制问题就是使摆杆尽快地达到一个平衡位置，并且使之没有大的振荡和过大的角度和速度。当摆杆到达期望的位置后，系统能克服随机扰动而保持稳定的位置。倒立摆系统的输入为小车的位移（即位置）和摆杆的倾斜角度期望值，计算机在每一个采样周期中采集来自传感器的小车与摆杆的实际位置信号，与期望值进行比较后，通过控制算法得到控制量，再经数模转换驱动直流电机实现倒立摆的实时控制。直流电机通过皮带带动小车在固定的轨道上运动，摆杆的一端安装在小车上，能以此点为轴心使摆杆能在垂直的平面上自由地摆动。作用力 F 平行于铁轨的方向作用于小车，使杆绕小车上的轴在竖直平面内旋转，小车沿着水平铁轨运动。当没有作用力时，摆杆处于垂直的稳定的平衡位置（竖直向下）。为了使杆子摆动或者达到竖直向上的稳定，需要给小车一个控制力，使其在轨道上被往前或朝后拉动。

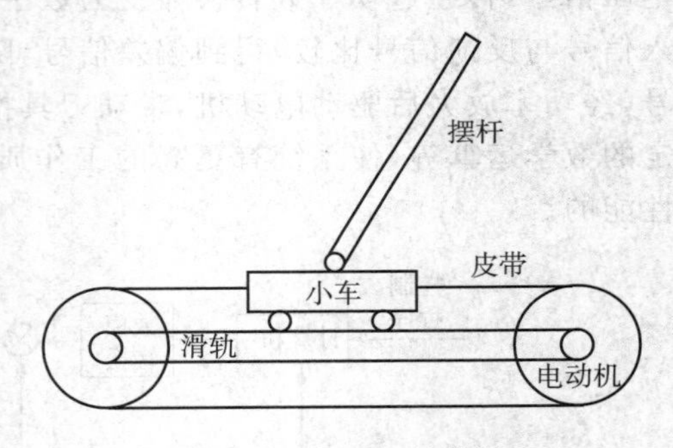

图 1-5　倒立摆结构图

1.3　自动控制系统的基本概念

自动控制系统是指用一些自动控制装置，对生产中某些关键性参数进行自动控制，使它们在受到外界干扰（扰动）的影响而偏离正常状态时，能够被自动地调节而回到工艺所要求的数值范围内。因为，生产过程中各种工艺条件不可能是一成不变的，特别是化工生产，大多数是连续性生产，各设备相互关联，当其中某一设备的工艺条件发生变化时，都可能引起其他设备中某些参数或多或少地波动，而我们常常要求某些物理量或保持恒定或按照某种规律变化，以满足系统运行的要求。

首先以水位控制系统为例，对其实现水位自动控制的基本原理加以研究，从中引出自动控制和自动控制系统的基本概念。实现水位控制有两种方法：人工控制和自动控制。如图 1-6所示为人工控制的水箱水位控制系统，人可以通过控制阀门的开度达到控制水位的目的。控制要求是保持水箱水位始终处在期望水位(简称给定值)。图中水箱是被控制的设备，简称被控对象；水箱水位是被控制的物理量，简称被控量。

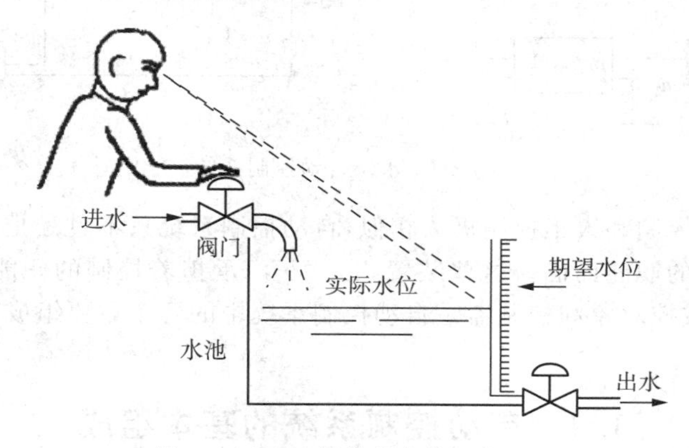

图 1-6　人工操纵的水位调节系统

这种人工调节过程可归纳为：

(1)通过测量元件(刻度标尺)，观测出水箱中的实际水位(也称被控量)；

(2)将实际水位与要求的水位值(也称给定值)相比较，得出两者之间的偏差；

(3)根据偏差的大小和方向调节进水阀门的开度。当实际水位高于要求值时，关小进水阀门开度，否则加大阀门开度以改变进水量，从而改变水箱水位，使之与要求值保持一致。

由此可见，人工控制的过程就是测量、求偏差、实施控制以纠正偏差的过程。也就是检测偏差并用以纠正偏差的过程。

对于这样简单的控制形式，如果能找到一个控制装置来代替人的大脑，那么这样一个人工控制系统就可变成一个自动控制系统了。图 1-7 所示是一种简单的水箱水位自动调节系统。图中浮子相当于人的眼睛，用来测量水位高低；连杆机构相当于人的大脑和手，用来进行比较、计算误差并实施控制。连杆的一端由浮子带动，另一端连接着进水调节阀。

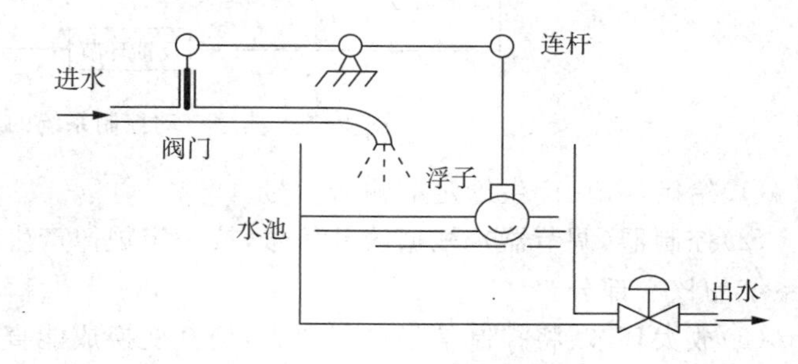

图 1-7　简单水箱水位自动调节系统

如图 1-7 所示的简单水箱水位自动调节系统虽然好，但是不够智能，而且机械磨损较大。所以，我们设计出如图 1－8 所示的改进型水位自动控制系统。其中，图中浮子相当于人的眼睛，对实际水位进行测量；连杆和电位器相当于人的大脑，它将实际水位与期望水位进行比较，给出偏差的大小和极性；电动机和减速器相当于人的手，调节阀门开度，对水位实施控制。这种改进型的水位自动控制系统具有稳定、耐用等优点。

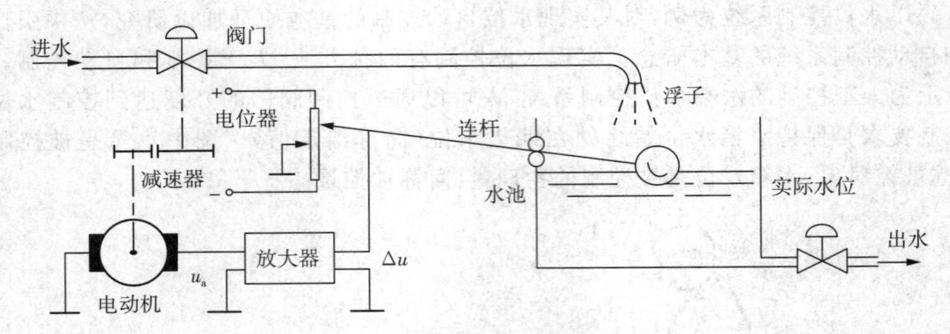

图 1－8　水位自动控制系统

综上所述，自动控制和人工控制极为相似，自动控制系统只不过是把某些装置有机地组合在一起，以代替人的职能而已。这些装置相互配合，承担着控制的职能，通常称之为控制器(或控制装置)。被控对象和控制器是自动控制系统中的两个重要组成部分。

1.4　自动控制系统的基本组成

自动控制系统尽管结构形式不同，但都包含被控对象和控制装置两大部分，其中控制装置主要包含给定环节、控制器、放大环节、执行机构和反馈环节。典型的自动控制系统的基本组成如图 1－9 所示。

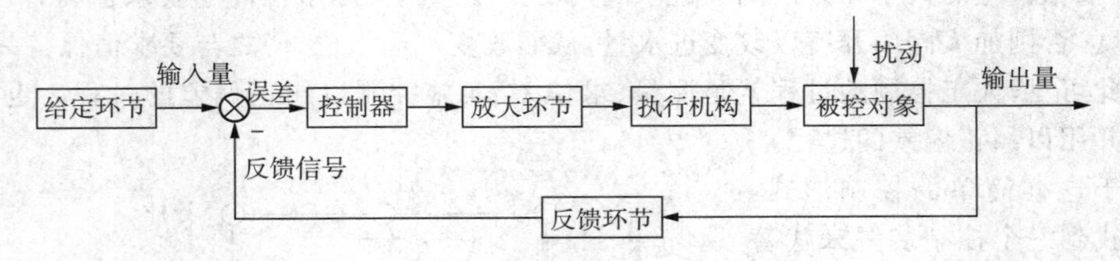

图 1－9　典型自动控制系统的组成

(1)给定环节：产生给定的输入信号。

(2)控制器(调节器)：根据误差信号，按一定规律产生相应的控制信号，控制器是自动控制系统的核心部分。

(3)放大环节：将控制信号进行放大，使其变换成能直接作用于执行机构的信号。

(4)执行机构：一般由传动装置和调节机构组成，直接作用于被控对象，使被控量发生变化。

(5)被控对象：控制系统所要控制的设备或生产过程，它的输出就是被控量。

(6)反馈环节(检测装置):对系统输出(被控量)进行测量,将它转换成为与给定量相同的物理量(一般是电量)。

(7)扰动:除输入量外能使被控量偏离输入量所要求的值或规律的控制系统的内外的物理量。

1.5　自动控制原理的控制方式

自动控制系统有两种最基本的形式,即开环控制和闭环控制。复合控制是将开环控制和闭环控制适当结合的控制方式,可用来实现复杂且控制精度较高的控制任务。

1. 开环控制

开环控制是指控制装置与被控对象之间只有顺向作用而没有反向联系的控制过程。即被控量(系统输出)不影响系统控制的控制方式称为开环控制。所以,在开环控制中,不对被控量进行任何检测,在输出端和输入端之间不存在反馈联系。开环控制又有两种方式,即用给定值操纵的控制方式和干扰补偿的控制方式。

(1)用给定值操纵的控制方式

用给定值操纵的开环控制系统的方框图如图 1 - 10 所示。

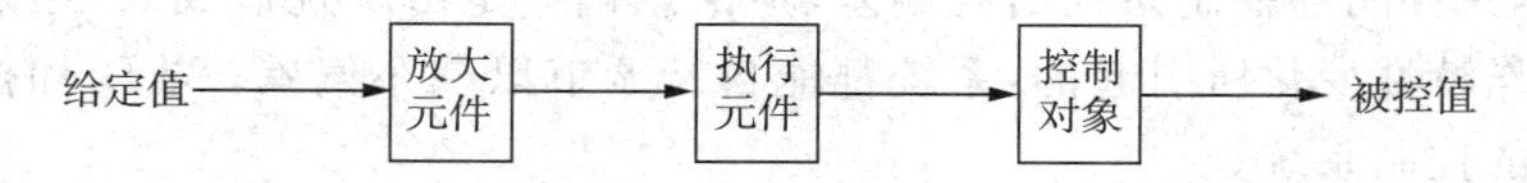

图 1 - 10　用给定值操纵的开环控制

这种控制方式的特点是:在给定输入端到输出端之间的信号传递是单向进行的。

这种控制方式的缺点是:当受控对象或控制装置受到干扰,或者在工作过程中元件特性发生变化而影响被控量时,系统不能进行自动补偿,所以控制精度难以保证。但是由于它的结构比较简单,因此在控制精度要求不高或元器件工作特征比较稳定而干扰又很小的场合中应用比较广泛。

(2)用干扰补偿的控制方式

用干扰补偿的开环控制方式的方框图如图 1 - 11 所示。

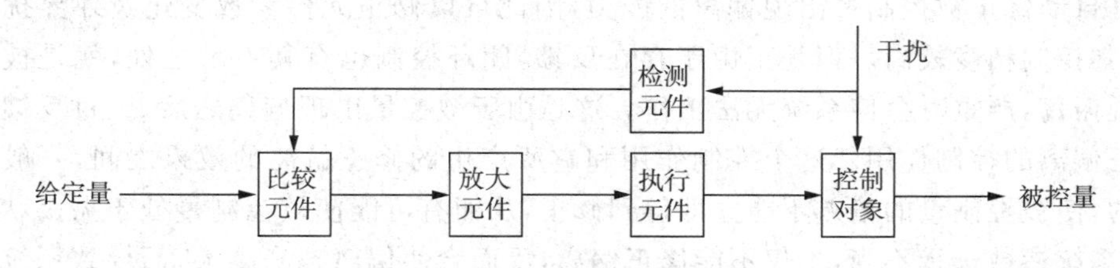

图 1 - 11　用干扰补偿的开环控制

这种控制方式的特点是:干扰信号经测量、计算、放大、执行等元件到输出端的传递也是单向进行的。用干扰补偿的控制方式只能用在干扰可以测量的场合。另外这种控制方式在工作过程中不能补偿由于元件及受控对象工作特性变化而对被控量所产生的影响。

2. 闭环控制

被控量参与系统控制的控制方式称为闭环控制。闭环控制的方框图如图 1 - 12 所示。

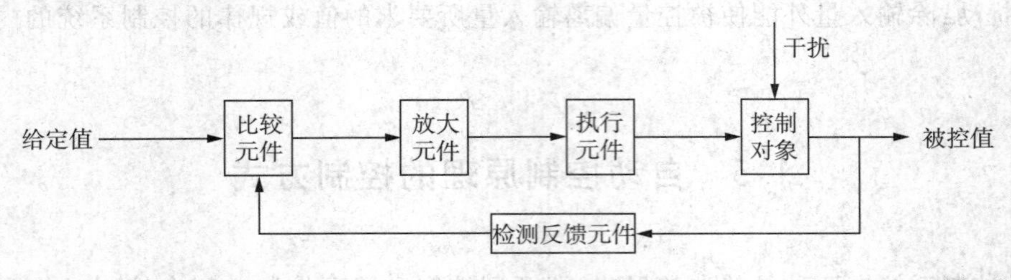

图 1 - 12　闭环控制的方框图

闭环控制的特点是在控制器和被控对象之间,不仅存在着正向作用,而且还存在着反馈作用,即系统的输出信号对被控制量有直接影响。闭环控制中,在给定值和被控量之间,除了有一条从给定值到被控制量方向传递信号的前向通道外,还有一条从被控量到比较元件传递信号的反馈通道。控制信号沿着前向通道和反馈通道循环传递,所以闭环控制又称为反馈控制。

在闭环控制中,被控量时时刻刻被检测,或者再经过信号变换,并通过反馈通道送回到比较元件和给定值进行比较。比较后得到的偏差信号经放大元件进行放大后送入执行元件。执行元件根据所接收信号的大小和极性,直接对受控对象进行调节,以进一步减小偏差。由此可见,只要闭环控制系统出现偏差,不论该偏差是由干扰造成的,还是由系统元件或受控对象工作特性变化所引起的,系统都能自行调节以减小偏差。故闭环控制系统又称为带偏差调节的控制系统。

闭环控制从原理上提供了实现高精度控制的可能性,它对控制元件的要求比开环控制低。但与开环控制系统相比,闭环控制系统的设计比较麻烦,结构也比较复杂,因而成本较高。闭环控制系统是自动控制中广泛应用的一种控制方式。当控制精度要求较高,干扰影响比较大时,一般都采用闭环控制系统。

3. 开环控制与闭环控制的比较

一般来说,开环控制结构简单、成本低、工作稳定,因此,当系统的输入信号及扰动作用能预先知道并且系统要求精度不高时,可以采用开环控制。由于开环控制不能自动修正被控制量的偏离,因此系统的元件参数变化以及外来未知扰动对控制精度的影响较大。闭环控制具有自动修正被控制量出现偏离的能力,因此可以修正元件参数变化及外界扰动引起的误差,其控制精度较高。但是正由于存在反馈,闭环控制也有其不足之处,就是被控制量可能出现振荡,严重时会使系统无法工作。这是由于被控量出现偏离之后,经过反馈便形成一个修正偏离的控制作用。这个控制作用和它所产生的修正偏离的效果之间,一般是有时间延迟的,使被控制量的偏差不能立即得到修正,从而有可能使被控制量处于振荡状态。因此,如果系统参数选择不当,不仅不能修正偏离,反而会使偏离越来越大,而导致系统无法工作。自动控制系统设计的重要课题之一就是要解决闭环控制中的振荡或发散问题。

4. 复合控制

复合控制就是将开环控制和闭环控制相结合的一种控制方式。实质上,它是在闭环控制回路的基础上,附加一个对输入信号或对扰动作用的前馈通路来提高系统的控制精度。

前馈通路通常由对输入信号的补偿装置或对扰动作用的补偿装置组成，分别称为按输入信号补偿和按扰动作用补偿的复合控制系统，如图1-13所示。

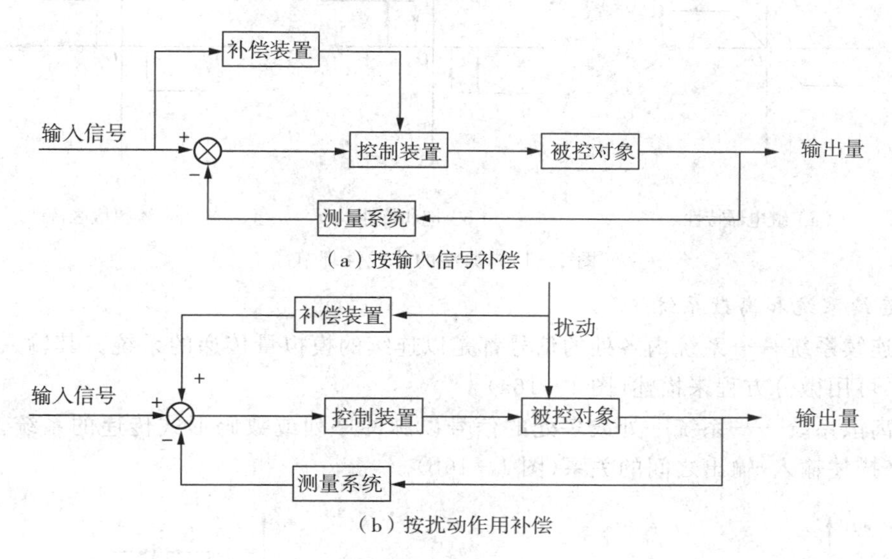

图1-13　复合控制系统方框图

通常，按输入信号补偿的装置可以提供一个输入信号的微分作用，该微分作用作为前馈控制信号与原输入信号一起对被控对象进行控制，以提高系统的跟踪精度。按扰动作用补偿的装置能够在可测量的扰动对系统的不利影响产生之前提供一个控制作用以抵消扰动对系统输出的影响。补偿装置按照不变性原理设计，即在任何输入下，都能保证系统输出与作用在系统上的扰动完全无关或部分无关，从而使系统的输出完全复现输入。

1.6　自动控制系统的分类

1. 线性系统和非线性系统

(1)线性系统——组成系统的元器件的静态特性为直线，该系统的输入与输出关系可以用线性微分方程来描述，如图1-14所示。

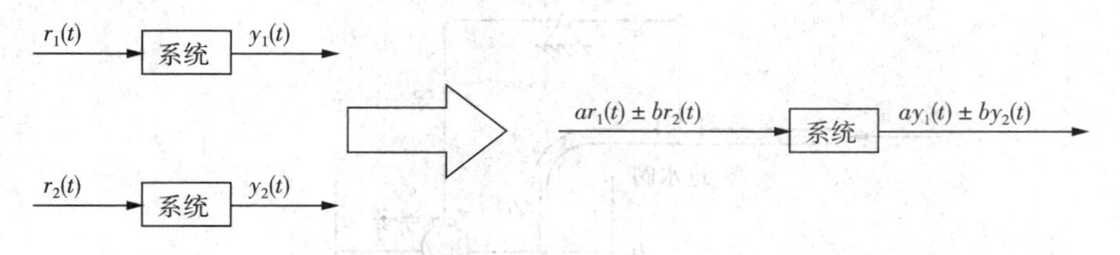

图1-14　线性系统结构图

(2)非线性系统——组成系统的元器件中有一个以上具有非直线的静态特性的系统，只能用非线性微分方程描述，不满足叠加原理，如图1-15所示。

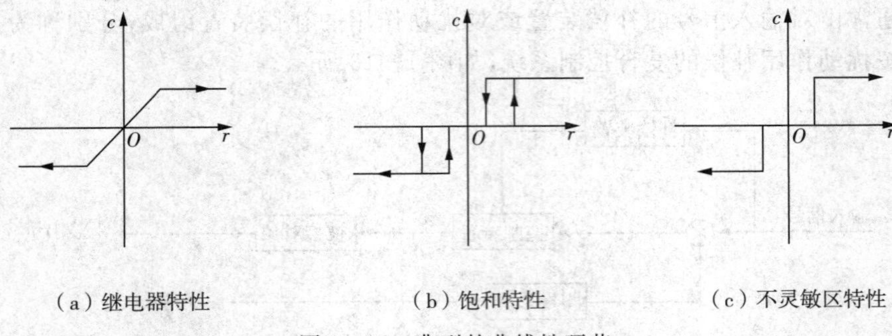

（a）继电器特性　（b）饱和特性　（c）不灵敏区特性

图 1-15　典型的非线性环节

2. 连续系统和离散系统

(1)连续系统——系统内各处的信号都是以连续的模拟量传递的系统。其输入-输出之间的关系可用微分方程来描述(图 1-16a)。

(2)离散系统——系统一处或多处的信号以脉冲序列或数码形式传递的系统。可用差分方程来描述输入-输出之间的关系(图 1-16b)。

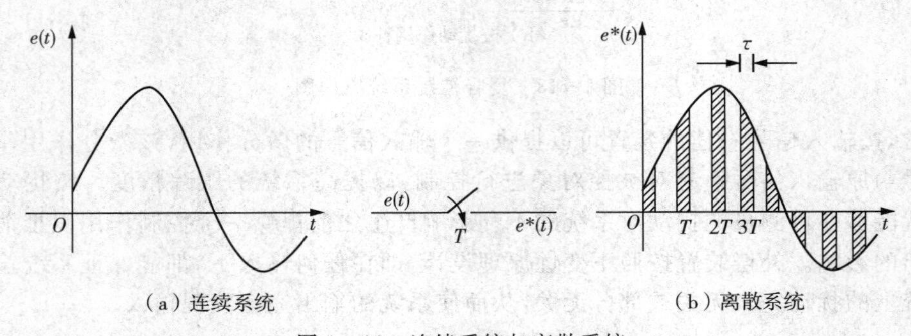

（a）连续系统　（b）离散系统

图 1-16　连续系统与离散系统

3. 恒值系统和随动系统

(1)恒值系统

恒值系统是指系统输入量(即给定值)是恒定不变的(图 1-17)。如水位控制。这类系统的特点是输入信号为一个恒定的数值，恒值控制系统主要研究各种干扰对系统输出的影响以及如何克服这些干扰，把输入、输出量尽量保持在希望数值上。

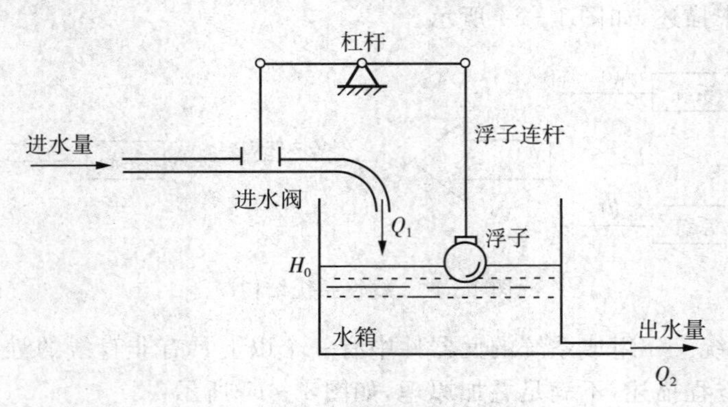

图 1-17　典型的恒值系统示意图

(2)随动系统

随动系统是给定值为预先未知的或随时间变化的,要求系统被控量以一定的精度和速度随输入量变化而变化,跟踪的速度和精度是随动系统的两项主要性能指标(图 1-18)。例如工业自动化仪表中的显示记录仪,跟踪卫星的雷达天线控制系统等均属于随动控制系统。

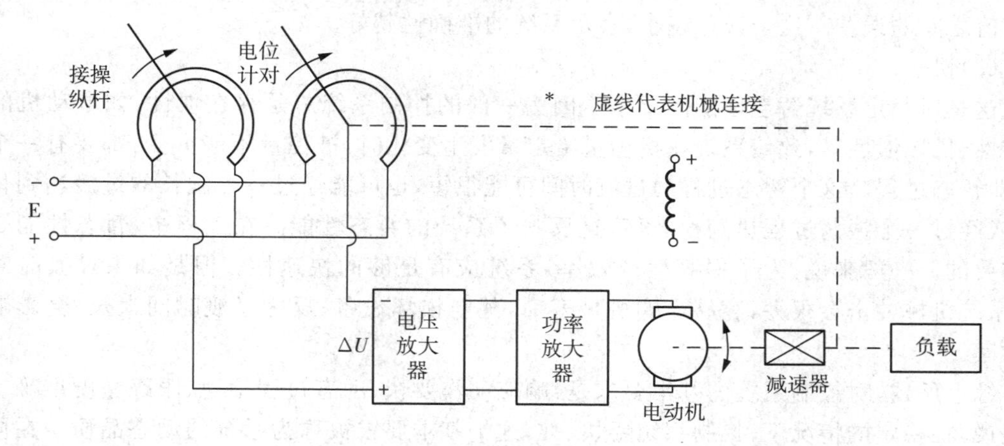

图 1-18　典型的随动系统示意图

4. 单输入单输出系统与多输入多输出系统

单输入单输出系统与多输入多输出系统如图 1-19 所示。单输入单输出系统只有一个输入量和一个输出量。由于这种分类是从端口关系上来分类的,故不考虑端口内部的通路和结构。单输入单输出系统是经典控制理论的主要研究对象。

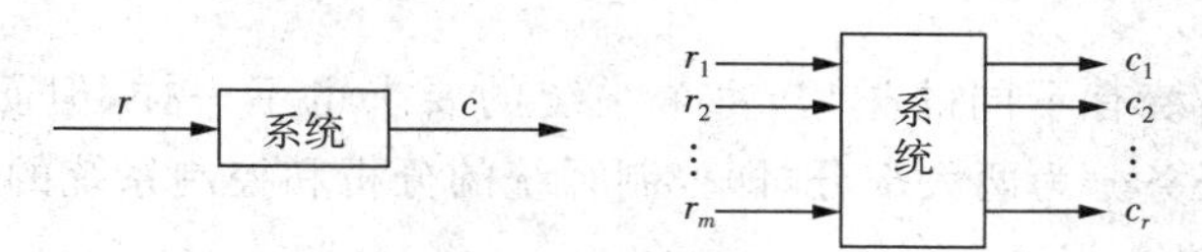

图 1-19　单输入单输出与多输入多输出系统

1.7　对自动控制系统的基本要求

各种自动控制系统,为了完成一定任务,要求被控量必须迅速而准确地随给定量变化而变化,并且尽量不受任何扰动的影响。然而,实际系统中,系统会受到外作用,其输出必将发生相应的变化。因控制对象和控制装置以及各功能部件的特征参数匹配不同,系统在控制过程中性能差异很大,甚至因匹配不当而不能正常工作。因此,工程上对自动控制系统性能提出了一些要求,主要有以下三个方面。

(1)稳定性

所谓系统的稳定性指受扰动作用前系统处于平衡状态,受扰动作用后系统偏离了原来的平衡状态,如果扰动消失以后系统能够回到受扰以前的平衡状态,则称系统是稳定的。如果扰动消失后,不能够回到受扰以前的平衡状态,甚至随时间的推移对原来平衡状态的偏离越来越大，这样的系统就是不稳定的系统。稳定是系统正常工作的前提，不稳定的系统是根本无法应用的。

(2)准确性

准确性是系统处于稳态时的要求。所谓准确性是指系统达到稳态时被控量的实际值和希望值之间的误差。这个误差越小，表示系统的准确性越好。

(3)快速性

这是对稳定系统暂态性能的要求。因为一般的控制系统总是存在惯性，如电动机的电磁惯性、机械惯性等，致使系统在扰动量给定量发生变化时，被控量不能突变，都要有一个过程，即暂态过程。这个暂态过程的过渡时间可能很短，也可能经过一个漫长的过渡达到稳态值，或经过一个振荡过程达到稳态值，这反映了系统的暂态性能。在工程中，暂态性能是非常重要的。一般来说，为了提高生产效率，系统应有足够的快速性。但是如果过渡时间太短，系统机械冲击会很大，容易影响机械寿命，甚至损坏设备；反之过渡时间太长，会影响生产效率。

综上所述，对控制系统的基本要求是：响应动作要快、动态过程平稳、跟踪精度准确。也就是说，在稳定的情况下，控制系统要快、准，这个基本要求被称为系统的动态品质。在同一个系统中，稳、快、准是相互制约的。提高了系统快速性，可能会引起系统强烈振荡；改善了系统平稳性，控制过程有可能很迟缓，甚至精度也差。

1.8 本课程的主要任务

尽管自动控制系统有不同的类型，每个系统的要求也不一样，但研究的内容和方法类似。本课程的主要任务分为两大部分，即控制系统的分析和控制系统的设计与校正。

1. 控制系统的分析

① 稳定性分析

给出判断系统稳定性的基本方法，并阐述系统的稳定性与系统结构(或称为控制规律)及系统参数之间的关系。

② 稳态特性分析

系统稳态特征表征了系统实际稳态值与希望稳态值之间的差值，即稳态误差，表征了控制系统的控制精度，给出计算系统稳态误差的方法，指出系统结构和参数对稳态特性的影响。

③ 动态特性分析

系统的输入一定时，一般将由初始稳态向终止稳态过渡的过程称为系统的动态过程(或瞬态过程、暂态过程)。动态特性分析的主要内容有分析系统结构、参数与动态特性的关系，给出计算系统动态性能指标的方法和讨论改善系统动态性能的途径。

2. 控制系统的设计与校正

根据对系统性能的要求，如何合理地设计校正装置，使系统的性能全面地满足技术上的要求。在控制系统的设计中，一般采用解析法和实验法。解析方法是运用理论知识对控制系统进行理论方面的分析、计算；实验方法是利用各种仪器、仪表装置，对控制系统施加一定类型的信号，测试系统响应以确定系统的性能。

本章小结

(1)自动控制是指在没有人直接干预下，利用物理设备对生产设备或生产过程进行合理的控制，使被控制的物理量保持恒定或者按照一定的规律变化。

(2)自动控制系统包含被控对象和控制装置两大部分，其中控制装置主要包含给定元件、测量元件、比较元件、放大元件、执行元件和校正元件。

(3)自动控制系统的基本控制方式有开环控制方式、闭环控制方式和复合控制方式。

(4)自动控制系统的分类方法是多种多样的。

(5)自动控制系统的基本要求可归纳为稳定性、快速性和准确性。

习　题

1-1　试举出日常生活中的开环控制和闭环控制系统，并说明它们的工作原理。

1-2　指出下列系统中哪些属开环控制，哪些属闭环控制。

(1)家用电冰箱　(2)家用空调　(3)家用洗衣机　(4)抽水马桶

(5)普通车床　(6)电饭煲　(7)多速电风扇　(8)高楼水箱

(9)调光台灯　(10)自动报时电子钟

1-3　自动控制系统由哪几个部分组成？各个部分有什么功能。

1-4　试用反馈控制原理来说明司机驾驶汽车是如何进行线路方向控制的，并画出系统方框图。

1-5　如何理解“引进负反馈可以降低对前向通道中元器件的精度要求”。

1-6　判断下列系统哪些属于恒值系统，哪些是随动系统。

(1)电饭煲　(2)空调　(3)燃气热水器　(4)自动跟踪雷达

1-7　洗衣机控制系统的方框图如图1-20所示，试设计一个闭环控制的洗衣机系统方框图。

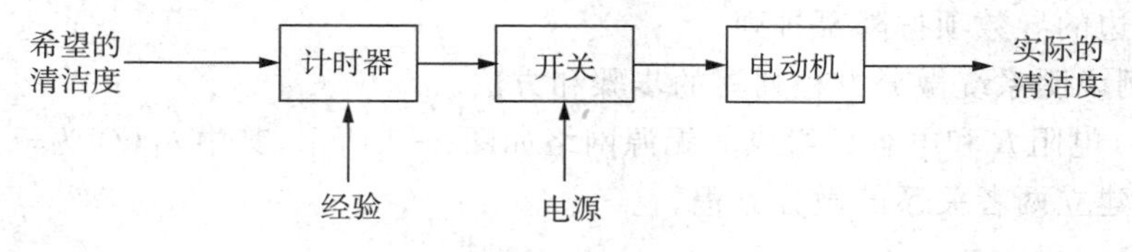

图1-20　洗衣机控制系统

1-8　大致叙述人在伸手取物时的运动与控制过程。

第2章 控制系统的数学模型

自动控制理论研究的两个主要问题是控制系统的分析和设计，其前提是建立控制系统的数学模型，即描述系统内部变量之间的数学表达式。利用数学模型可以定量地表示出控制系统内在的运动规律和各个环节的动态特性。建立控制系统数学模型的方法有两种：解析法和实验法。分析法是根据系统各变量之间所遵循的物理规律或者化学规律写出相应的数学方程。实验法是对系统施加某个测试输入信号，得到系统的输出响应，经过数据处理而辨识出系统的数学模型。在经典控制理论中，常用的数学模型有微分方程（或差分方程）、传递函数、频率特性等。本章关注与采用微分方程、传递函数、结构图和信号流图建立控制系统的数学模型。

2.1 线性系统的微分方程

用分析法建立系统微分方程的一般步骤如下：

(1)分析系统的工作原理和系统中各变量之间的关系，确定系统的输入量、输出量和中间变量。

(2)根据系统（或元件）的基本定律（物理、化学定律），从系统的输入端开始，依次列写组成系统各元件的运动方程（微分方程）。

(3)联立方程，消去中间变量，得到有关输入量与输出量之间关系的微分方程。

(4)标准化。将与输出量有关的各项放在方程的左边，与输入量有关的各项放在方程的右边，等式两边的导数项按降幂排列。

下面举例说明系统微分方程列写的步骤和方法。

例2-1　电阻R和电容C组成的无源网络如图2-1所示，其中$u_1(t)$为输入电压，$u_2(t)$为输出电压，建立两者关系的微分方程。

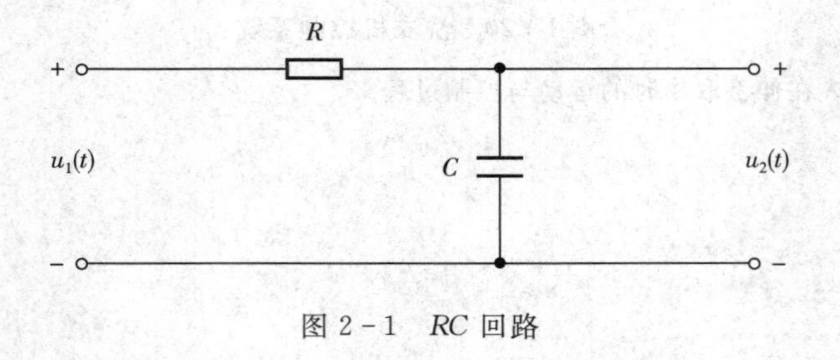

图2-1　RC回路

解　(1) 输入量为 $u_1(t)$，输出量为 $u_2(t)$，设回路电流为 i；

(2) 根据物理规律(欧姆定律，基尔霍夫定律) 列写原始方程式

$u_1(t)=iR+u_2(t), i=C\dfrac{\mathrm{d}u_2(t)}{\mathrm{d}t}$，其中 i 为中间变量；

(3) 联立上两式，消去中间变量 i，得

$$u_1(t)=RC\frac{\mathrm{d}u_2(t)}{\mathrm{d}t}+u_2(t)$$

(4) 令 $T=RC$，时间常数，则标准式为：

$$T\frac{\mathrm{d}u_2(t)}{\mathrm{d}t}+u_2(t)=u_1(t)$$

例 2-2　设有由弹簧-质量-阻尼器构成的机械平移系统机械系统如图 2-2 所示。求以外力 $f(t)$ 为输入量，以质量的位移 $x(t)$ 为输出量的运动方程式。

解：(1) 确定输入变量、输出变量以及中间变量

输入变量：外力 $f(t)$，输出变量：位移 $x(t)$，中间变量：加速度 a。

(2) 列写方程

根据牛顿定律 $\vec{F}=m\vec{a}$，合力在一条直线上，所以合力：

$$F=f(t)+F_k+F_m, F_k=-kx(t),$$

$$F_m=-f_m\frac{\mathrm{d}x(t)}{\mathrm{d}t}, a=\frac{\mathrm{d}^2x(t)}{\mathrm{d}t^2}$$

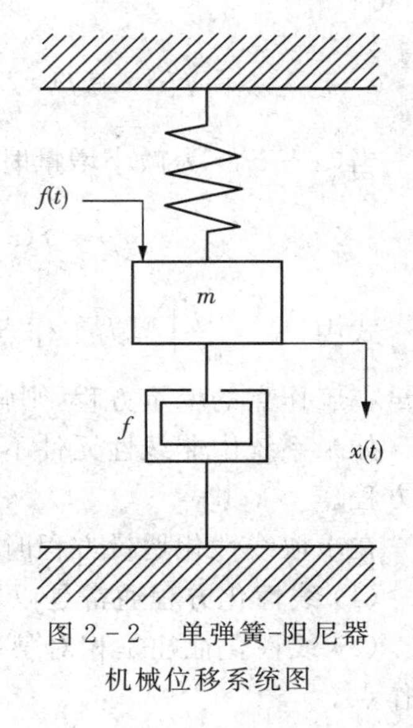

图 2-2　单弹簧-阻尼器机械位移系统图

(3) 消去中间变量 a

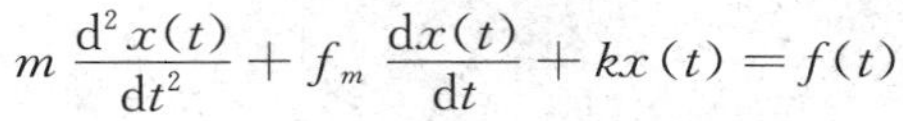

$$f(t)-kx(t)-f_m\frac{\mathrm{d}x(t)}{\mathrm{d}t}=m\frac{\mathrm{d}^2x(t)}{\mathrm{d}t^2}$$

(4) 化为标准式

$$m\frac{\mathrm{d}^2x(t)}{\mathrm{d}t^2}+f_m\frac{\mathrm{d}x(t)}{\mathrm{d}t}+kx(t)=f(t)$$

2.2　非线性方程的线性化

实际的物理系统往往有间隙、死区、饱和等非线性特性，严格地讲，任何一个元件或系统都不同程度地具有非线性特性。在研究系统时尽量将非线性在合理、可能的条件下简化为线性问题，即将非线性模型线性化。

非线性函数的线性化：将非线性函数在工作点附近展开成泰勒级数，忽略二次以上高阶无穷小量及余项，得到近似的线性化方程。

假如元件的输出与输入之间的关系曲线如图 2-3 所示：

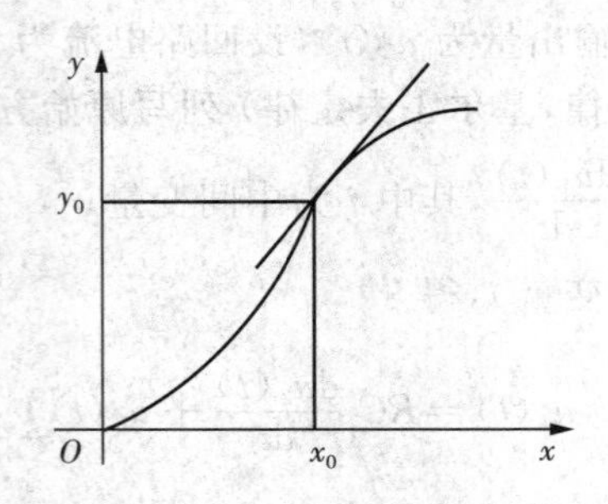

图 2-3 输入输出非线性曲线

元件的工作点为(x_0, y_0)。将非线性函数 $y=f(x)$ 在工作点(x_0, y_0)附近展开成泰勒级数，得：

$$y=f(x)=f(x_0)+\left.\frac{\mathrm{d}f}{\mathrm{d}x}\right|_{x_0}(x-x_0)+\frac{1}{2!}\left.\frac{\mathrm{d}^2 f}{\mathrm{d}x^2}\right|_{x_0}(x-x_0)^2+\cdots \tag{2-1}$$

当$(x-x_0)$为微小增量时，可略去二阶以上各项，写成

$$y=f(x_0)+\left.\frac{\mathrm{d}f}{\mathrm{d}x}\right|_{x_0}(x-x_0)=y_0+K(x-x_0) \tag{2-2}$$

式中，$K=\left.\frac{\mathrm{d}f}{\mathrm{d}x}\right|_{x_0}$ 为工作点(x_0, y_0)处的斜率，即此时以工作点处的切线代替曲线，得到变量在工作点的增量方程，则输出与输入之间就变成了线性关系。

如果系统中非线性元件不止一个，则必须对各非线性元件建立它们工作点的线性化增量方程。

在求取线性化增量方程时应注意以下几个方面：

(1) 线性化方程通常是以增量方程描述的。

(2) 线性化往往是相对某一工作点（平衡点）进行的。在线性化之前，必须确定元件的工作点。

(3) 变量的变化必须是小范围的。

(4) 对于严重非线性元件或系统，原则上不能用小偏差法进行线性化，应利用非线性系统理论解决。

2.3 传递函数

微分方程是控制系统在时域中的数学模型，传递函数是控制系统在复数域中的数学模型，在对控制系统的分析和设计中，采用传递函数描述比用微分方程描述更为方便。经典控制理论的主要研究方法都是建立在传递函数的基础之上的，因此，传递函数是经典控制理论中最基本、最重要的概念之一。

2.3.1 传递函数的定义

线性定常系统在零初始条件下，输出量的拉氏变换与输入量的拉氏变换之比为：

$$G(s)=\frac{C(s)}{R(s)}$$

传递函数与输入、输出之间的关系，可用如图 2-4 所示的方框图表示。

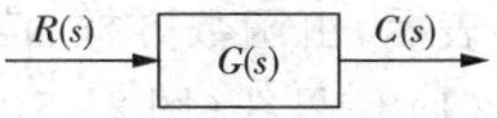

图 2-4　传递函数方框图

设线性定常系统的微分方程为：

$$a_0\frac{\mathrm{d}^n c(t)}{\mathrm{d}t^n}+a_1\frac{\mathrm{d}^{n-1}c(t)}{\mathrm{d}t^{n-1}}+\cdots+a_{n-1}\frac{\mathrm{d}c(t)}{\mathrm{d}t}+a_n c(t)$$

$$=b_0\frac{\mathrm{d}^m r(t)}{\mathrm{d}t^m}+b_1\frac{\mathrm{d}^{m-1}r(t)}{\mathrm{d}t^{m-1}}+\cdots+b_{m-1}\frac{\mathrm{d}r(t)}{\mathrm{d}t}+b_m r(t) \tag{2-3}$$

$c(t)$— 系统输出量；

$r(t)$— 系统输入量；

$a_0,a_1,\cdots,a_n,b_0,b_1,\cdots,b_m$—— 由系统结构和参数决定的常数。

设 $c(t)$ 和 $r(t)$ 及其各阶导数初始值均为零，对式(2-3)取拉氏变换得：

$$(a_0 s^n+a_1 s^{n-1}+\cdots+a_{n-1}s+a_n)C(s)=(b_0 s^m+b_1 s^{m-1}+\cdots+b_{m-1}s+b_m)R(s) \tag{2-4}$$

则系统的传递函数为：

$$G(s)=\frac{C(s)}{R(s)}=\frac{b_0 s^m+b_1 s^{m-1}+\cdots+b_{m-1}s+b_m}{a_0 s^n+a1 s^{n-1}+\cdots+a_{n-1}s+a_n} \tag{2-5}$$

2.3.2　传递函数的性质

(1) 传递函数是微分方程经拉氏变换导出的，而拉氏变换是一种线性积分运算，因此传递函数的概念只适用于线性定常系统。

(2) 传递函数只与系统本身的结构和参数有关，与系统输入量的大小和形式无关。

(3) 传递函数是在零初始条件下定义的，即在零时刻之前，系统处于相对静止状态。因此，传递函数原则上不能反映系统在非零初始条件下的运动规律。

(4) 传递函数是复变量 s 的有理分式。分母多项式的最高阶次 n 高于或者等于分子多项式的最高阶次 n，即一般 $n\geqslant m$，这是因为实际系统或者元件总是具有惯性且能量有限。

(5) 一个传递函数只能表示单输入单输出的关系。对于多输入多输出系统，要用传递函数阵表示。

(6) 传递函数可表达成零极点形式和时间常数形式两种形式。

2.4　系统方框图

2.4.1　系统方框图

方框图又称结构图，它是传递函数的一种图形描述方式，它可以形象地描述自动控制系统中各单元之间和各作用量之间的相互联系，具有简明直观、运算方便的优点，所以方框图在分析自动控制系统中获得了广泛的应用。方框图是系统中各环节函数功能和信号流向的图形表示，由函数方框、信号线、信号分支点、信号相加点等组成(图 2-5)。

(1) 信号线(图 2-5(a))：表示输入、输出通道，箭头代表信号的传递方向。

(2) 函数方框(传递方框，如图 2-5(b) 所示)：方框内为具体环节的传递函数。

(3) 信号相加点(综合点、比较点，如图 2-5(c) 所示)：表示几个信号相加减。

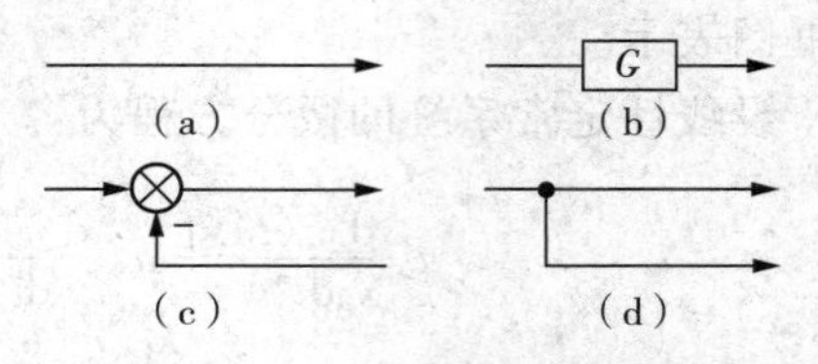

图 2-5 方框图的基本组成部分

(4) 信号分支点(引出点，如图 2-5(d) 所示)：表示同一信号输出到几个地方。

2.4.2 方框图的绘制

绘制控制系统方框图的步骤如下：

(1) 写出组成系统各环节的微分方程；

(2) 求取各环节的传递函数，绘制各环节的方框图；

(3) 从输入端开始，按信号流向依次将各环节方框图用信号线连接成整体，即得控制系统方框图。

例 2-3 试绘制如图 2-6 所示 RC 电路的方框图。

解 (1) 根据信号的传递过程，将系统划分为四个部件：R_1、C_1、R_2、C_2。

(2) 确定各环节的输入量与输出量，求出各环节的传递函数。

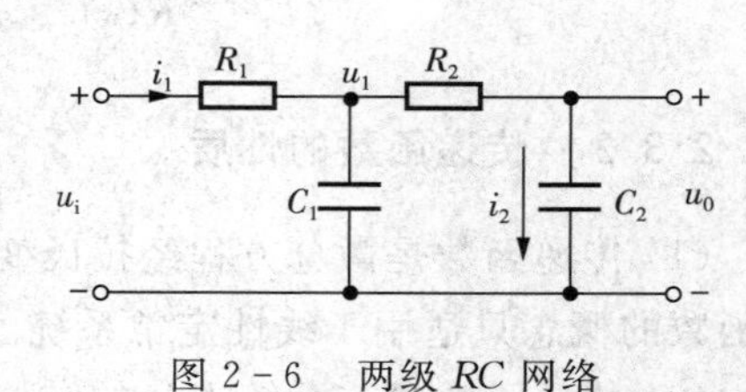

图 2-6 两级 RC 网络

R_1：输入量为 $u_i - u_1$，输出量为 i_1；传递函数为：

$$\frac{I_1(s)}{U_i(s)-U_1(s)}=\frac{1}{R_1}$$

C_1：输入量为 $i_1 - i_2$，输出量为 u_1；传递函数为：

$$\frac{U_1(s)}{I_1(s)-I_2(s)}=\frac{1}{C_1 s}$$

R_2：输入量为 $u_1 - u_0$，输出量为 i_2；传递函数为：

$$\frac{I_2(s)}{U_1(s)-U_0(s)}=\frac{1}{R_2}$$

C_2：输入量为 i_2，输出量为 u_0；传递函数为：

$$\frac{U_0(s)}{I_2(s)}=\frac{1}{C_2 s}$$

(3) 绘出各环节的方框图(图 2-7)

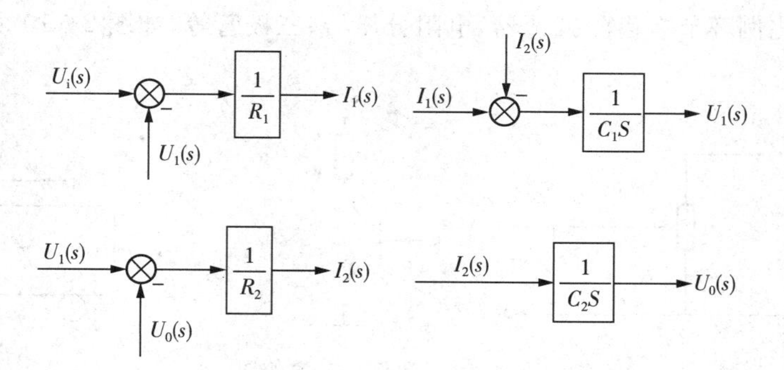

图 2-7　各环节的方框图

(4) 从输入量开始，将同一变量的信号线连接起来，得到系统的方框图，如图 2-8 所示。

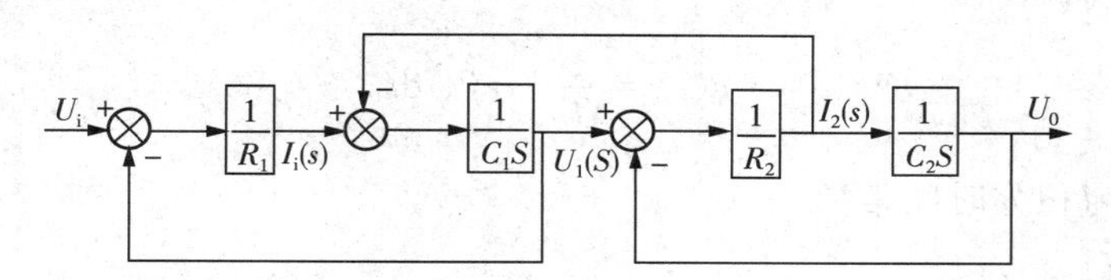

图 2-8　*RC* 电路的方框图

2.5　典型环节及其传递函数

任何一个复杂的系统，总可以看作由一些典型环节组合而成。虽然各种元件结构和作用原理是多样的，但抛开其具体结构和特点，而只研究其运动规律和数学模型，可以划分为几种典型环节。掌握这些典型环节的特点，可以更方便地分析较复杂系统内部各单元间的联系。典型的环节有比例环节、积分环节、惯性环节、微分环节、振荡环节以及延迟环节等，现分别加以介绍。

1. 比例环节

比例环节的动态方程为：

$$c(t)=Kr(t) \tag{2-6}$$

式(2-6)中，K 为放大系数或增益。

传递函数为：

$$G(s)=\frac{C(s)}{R(s)}=K \tag{2-7}$$

比例环节中输出量与输入量成正比，不失真也无时间滞后，所以比例环节又称为无惯性环节或放大环节，图 2-9 为比例环节的方框图。比例环节是自动控制系统中遇到最多

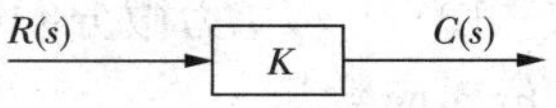

$R(s)$ → K → $C(s)$

图 2-9　比例环节方框图

的一种，常见的比例环节有齿轮减速器、电阻分压器、三极管等，如图 2-10 所示。

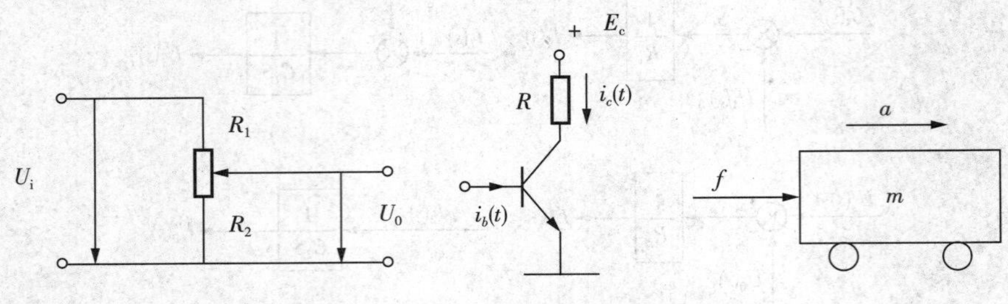

图 2-10 比例环节实例图

2. 积分环节

积分环节的动态方程为：

$$c(t)=\frac{1}{T}\int_0^t r(t)\mathrm{d}t \tag{2-8}$$

式(2-8)中，T_i 为积分时间常数。

传递函数为：

$$G(s)=\frac{C(s)}{R(s)}=\frac{1}{Ts} \tag{2-9}$$

积分环节的特点是它的输出量为输出量对时间的积累。因此凡是输出量对输入量有储存和积累特点的元件一般都含有积分环节，图 2-11 为积分环节的方框图。例如积分调节器、水箱中的水位、齿轮和齿条都属于积分环节，如图 2-12 所示。积分环节也是自动控制系统中遇到最多的环节之一。

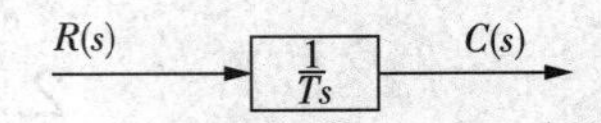

图 2-11 积分环节方框图

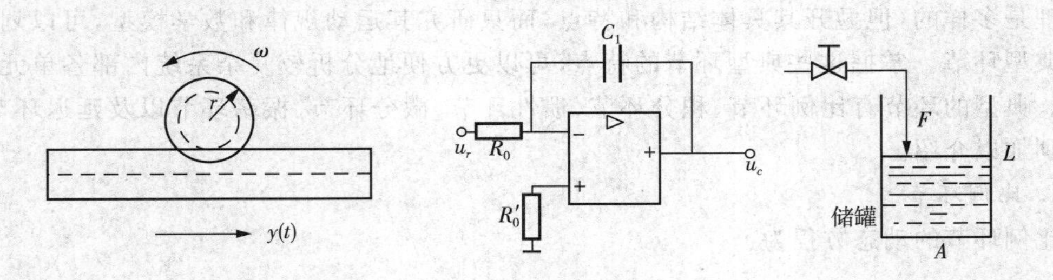

图 2-12 积分环节实例图

3. 微分环节

微分环节的动态方程为：

$$c(t)=T_d\,\frac{\mathrm{d}r(t)}{\mathrm{d}t} \tag{2-10}$$

式(2-10)中，T_d 为微分时间常数。

传递函数为：

$$G(s)=\frac{C(s)}{R(s)}=Ts \qquad (2-11)$$

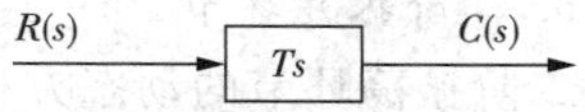

图 2-13 微分环节方框图

理想的微分环节的输出量和输入量间的关系恰好与积分环节相反，传递函数互为倒数，因此微分环节的方框图如图 2-13 所示。

4. 惯性环节

惯性环节的输出一开始并不与输入同步按比例变化，直到过渡过程结束，输出 $c(t)$ 才能与 $r(t)$ 保持比例。这就是惯性的反映。惯性环节的时间常数就是惯性大小的量度。凡是具有惯性环节特性的实际系统，都具有一个存储元件或称容量元件，进行物质或能量的存储，如电容、热容等。由于系统的阻力，流入或流出存储元件的物质或能量不可能为无穷大，存储量的变化必须经过一段时间才能完成，这就是惯性存在的原因。

惯性环节的动态方程为：

$$T\frac{\mathrm{d}c(t)}{\mathrm{d}t}+c(t)=Kr(t) \qquad (2-11)$$

式(2-11) 中，T 为惯性环节的时间常数；K 为惯性环节的增益或放大系数。

传递函数为：

$$G(s)=\frac{C(s)}{R(s)}=\frac{K}{Ts+1} \qquad (2-12)$$

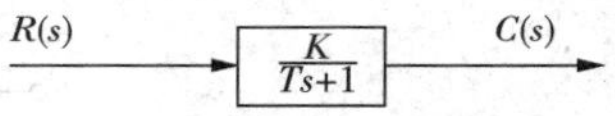

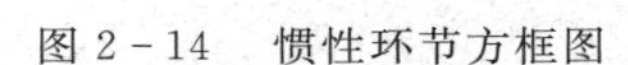

图 2-14 惯性环节方框图

一般来说，一个储能元件和一个耗能元件的组合，就能构成一个惯性环节，其方框图如图 2-14 所示。图 2-15 是一些惯性环节的实例图。

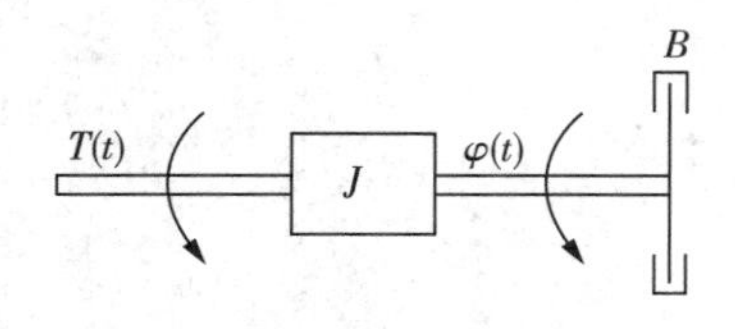

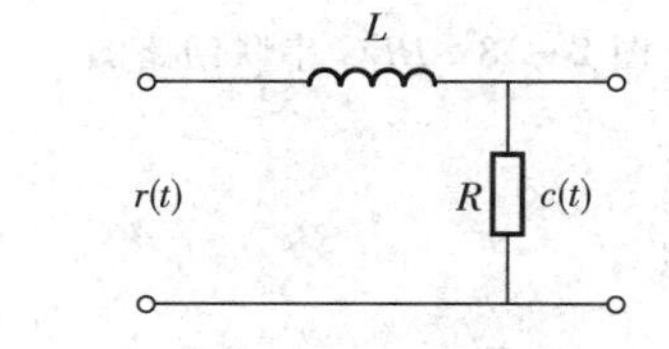

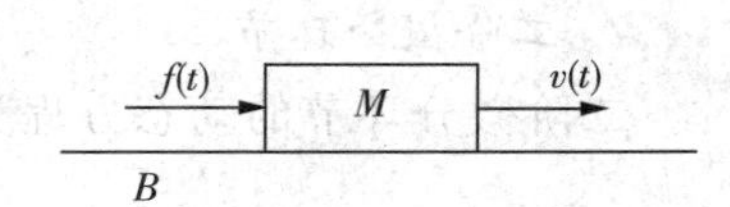

图 2-15 惯性环节实例图

5. 一阶微分环节

一阶微分环节的动态方程为：

$$c(t)=\tau\frac{\mathrm{d}r(t)}{\mathrm{d}t}+r(t) \qquad (2-13)$$

式(2-13) 中，τ 为时间常数。

传递函数为：

$$G(s)=\frac{C(s)}{R(s)}=\tau s+1 \qquad (2-14)$$

6. 二阶振荡环节

二阶振荡环节的动态方程为：

$$T^2\frac{\mathrm{d}^2c(t)}{\mathrm{d}t^2}+2\zeta T\frac{\mathrm{d}c(t)}{\mathrm{d}t}+c(t)=Kr(t) \tag{2-15}$$

传递函数为：

$$G(s)=\frac{C(s)}{R(s)}=\frac{K}{T^2s^2+2\zeta Ts+1}=\frac{K\omega_n^2}{s^2+2\zeta\omega_n s+\omega_n^2} \tag{2-16}$$

式(2-16)中，$\omega_n=1/T$ 为无阻尼自然振荡频率；ζ 为阻尼比。

二阶振荡环节的方框图如图 2-16 所示：

二阶振荡环节过程的实例很多。在控制系统中，若含有两种不同形式的储能元件，而这两种储能元件又能进行能量交换就有可能出现振荡而形成振荡环节(图 2-17)。如图 2-18 中的 RLC 回路就是典型的二阶振荡环节。

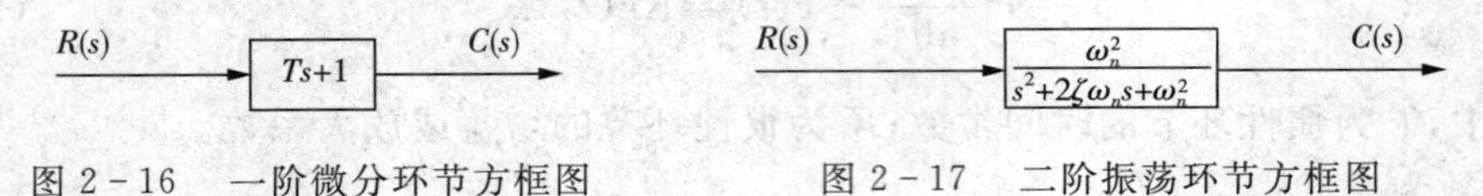

图 2-16　一阶微分环节方框图　　　图 2-17　二阶振荡环节方框图

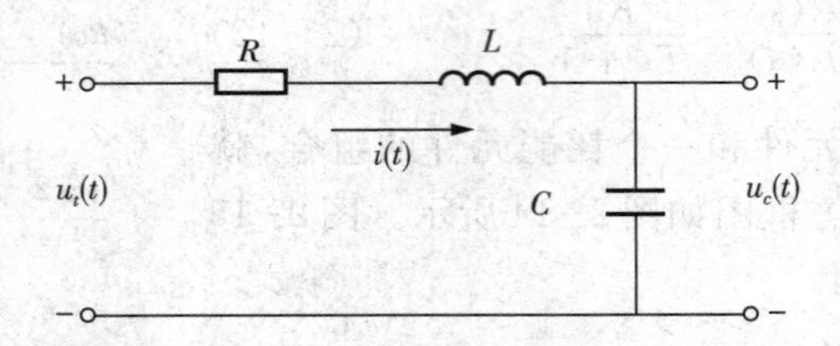

图 2-18　RLC 串联回路图

7. 二阶微分环节

二阶微分环节的动态方程为：

$$c(t)=\tau^2\frac{\mathrm{d}^2r(t)}{\mathrm{d}t^2}+2\zeta\tau\frac{\mathrm{d}r(t)}{\mathrm{d}t}+r(t) \tag{2-17}$$

传递函数为：

$$G(s)=\frac{C(s)}{R(s)}=\tau^2s^2+2\zeta\tau s+1 \tag{2-18}$$

二阶微分环节的方框图如图 2-19 所示。

R(s) → $\tau^2s^2+2\zeta\tau s+1$ → C(s)

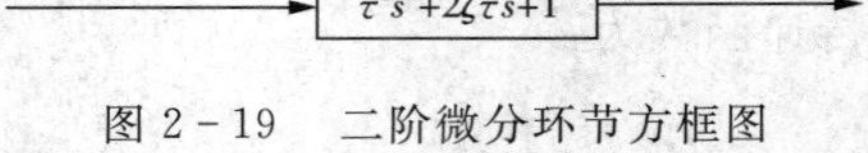

图 2-19　二阶微分环节方框图

8. 时滞环节

时滞环节是在输入信号作用后，输出信号要延迟一段时间才重现输入信号的环节。其动态方程为：

$$c(t)=r(t-\tau) \tag{2-19}$$

传递函数为：

$$G(s)=\frac{C(s)}{R(s)}=e^{-\tau s} \tag{2-20}$$

时滞环节的方框图如图 2－20 所示。

在实际生产中，有很多场合是存在时滞的。例如工件经传送带（或传送装置）传送会造成时间上的延迟；在切削加工中，从切削到测量结果之间会产生时间上的延迟；热量通过传导因传输速率低会造成时间上很大的延迟；晶闸管触发整流电路中，从控制电压改变到整流输出响应会产生时间上的延迟等。

图 2－20　时滞环节方框图

图 2－21 中给出了一个传输延迟的例子。图中所示的是把两种液体按一定比例进行混合的设备。为保证测到均匀的液体，测量点离开混合点有一定的距离。因此就存在传输延迟，设混合点与测量点之间的距离为 d，溶液的流速为 v，则延迟时间为：

$$\tau=\frac{d}{v} \tag{2-21}$$

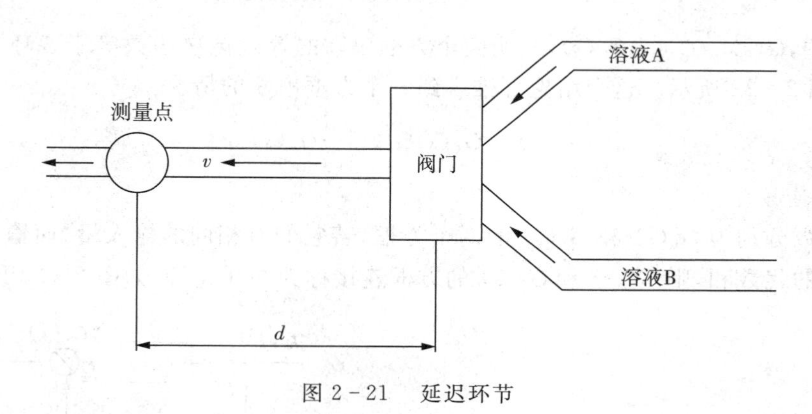

图 2－21　延迟环节

另外，晶闸管整流装置也是时滞环节的一个实例。将晶闸管控制电压 u_{ct} 与其整流输出电压 u_d 之间的放大系数 K_s 看作常数。晶闸管导通以后，控制极便失去了控制作用，此时，若 u_{ct} 变化，必须等到晶闸管阻断后再次触发导通时，才能体现出 u_{ct} 所控制的触发角的变化，从而引起 u_d 值的变化。由失控时间 T_s 导致了控制电压与整流输出电压间的延迟，两者的关系为：

$$u_d=K_s u_{ct}(t-T_s) \tag{2-22}$$

其传递函数为：

$$G(s)=\frac{U_d(s)}{U_{ct}(s)}=K_s e^{-T_s s} \tag{2-23}$$

在三相半波电路中，取 $T_s=0.00333$s，三相桥式电路中，取 $T_s=0.00167$s。考虑到 T_s 很小，可将传递函数近似为惯性环节，即

$$G(s)=K_s e^{-T_s s}\approx\frac{K_s}{1+T_s s} \tag{2-24}$$

2.6 方框图的等效变换

方框图的基本连接方式有三种：串联、并联、反馈。复杂系统的方框图都是由这三种基本的连接方式组合而成的。

1. 串联

传递函数分别为 $G_1(s)$ 和 $G_2(s)$ 的两个方框，若 $G_1(s)$ 的输出量为 $G_2(s)$ 的输入量，则 $G_1(s)$ 和 $G_2(s)$ 的方框连接称为串联。

由图可知

$$\begin{cases} U(s)=G_1(s)R(s) \\ C(s)=G_2(s)U(s) \end{cases}$$

削去中间变量，得

$$C(s)=G_1(s)G_2(s)R(s)=G(s)R(s) \tag{2-25}$$

式(2-25)中，$G(s)=G_1(s)G_2(s)$，表明两个方框串联的等效传递函数等于各环节传递函数的乘积，如图 2-22 所示。这个结论可推广到 n 个方框串联的情况。

$$G(s)=G_1(s)G_2(s)\cdots G_n(s) \tag{2-26}$$

2. 并联连接

传递函数分别为 $G_1(s)$ 和 $G_2(s)$ 的两个方框，若它们有相同的输入量，而输出量等于两个方框输出的代数和，则 $G_1(s)$ 和 $G_2(s)$ 的方框连接称为并联连接，如图 2-23 所示。

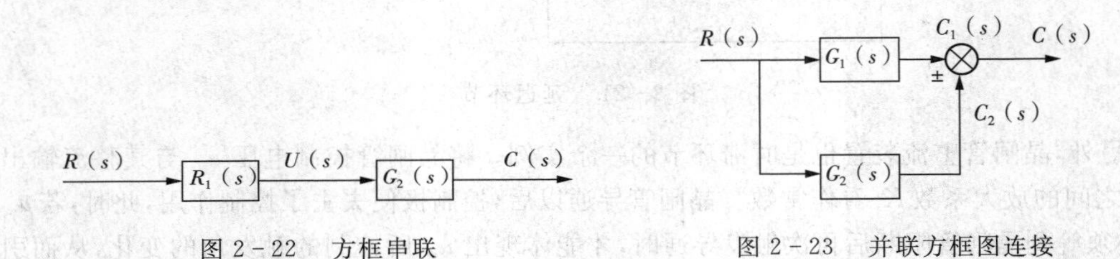

图 2-22 方框串联　　图 2-23 并联方框图连接

由图可知，

$$\begin{cases} C_1(s)=G_1(s)R(s) \\ C_2(s)=G_2(s)R(s) \\ C(s)=C_1(s)\pm C_2(s) \end{cases}$$

削去中间变量 $G_1(s)$ 和 $G_2(s)$，得

$$C(s)=[G_1(s)\pm G_2(s)]R(s)=G(s)R(s) \tag{2-27}$$

式(2-27)中，$C(s)=G_1(s)\pm G_2(s)$，表明两个方框并联得等效传递函数等于各环节传递函数得代数和。

$$G(s)=G_1(s)+G_2(s)+\cdots+G_n(s) \tag{2-28}$$

3. 反馈连接

传递函数分别为 $G(s)$ 和 $H(s)$ 的两个方框，如图 2-24 所示的连接形式，称为反馈。"+"表示正反馈；"—"表示负反馈。负反馈连接是控制系统的基本连接方式。若反馈环节 $H(s)=1$，则称为单位反馈。

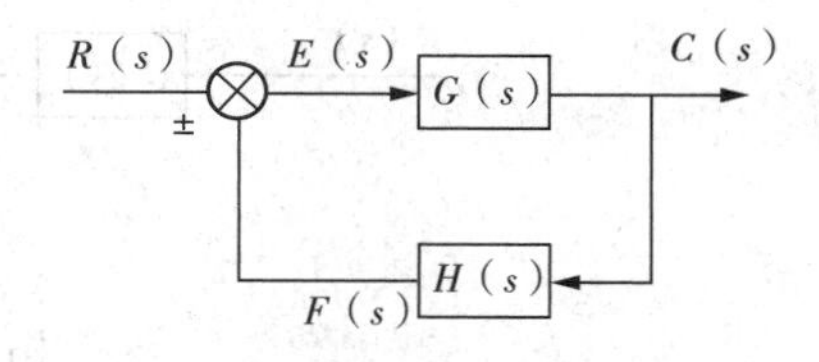

图 2-24　方框反馈连接

由图 2-24 可知，

$$\begin{cases} C(s)=G(s)E(s) \\ B(s)=H(s)C(s) \\ E(s)=R(s)\pm B(s) \end{cases}$$

削去中间变量 $E(s)$ 和 $B(s)$，得

$$C(s)=\frac{G(s)}{1\mp G(s)H(s)}R(s)=\Phi(s)R(s) \tag{2-29}$$

式(2-29)中，$\Phi(s)=\dfrac{G(s)}{1\mp G(S)H(s)}$，称为系统的闭环传递函数。

在系统结构图简化过程中，除了进行方框的串联、并联和反馈连接的等效变换外，还需要移动比较点和引出点的位置。应注意在移动前后保持信号的等效性。

4. 比较点的移动

图 2-25 为比较点的前移图，比较点移动前 $C(s)=R(s)G(s)\pm Q(s)$，比较点移动后 $C(s)=\left[R(s)\pm Q(s)\dfrac{1}{G(s)}\right]G(s)=R(s)G(s)\pm Q(s)$，移动前后数学关系没有改变。

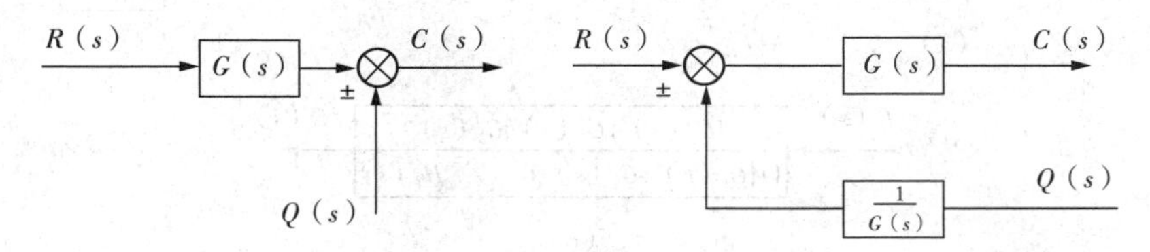

图 2-25　比较点的前移图

图 2-26 为比较点后移图，比较点移动前 $C(s)=[R(s)\pm Q(s)]G(s)$，比较点移动后 $C(s)=R(s)G(s)\pm Q(s)G(s)=[R(s)\pm Q(s)]G(s)$，移动前后数学关系没有改变。

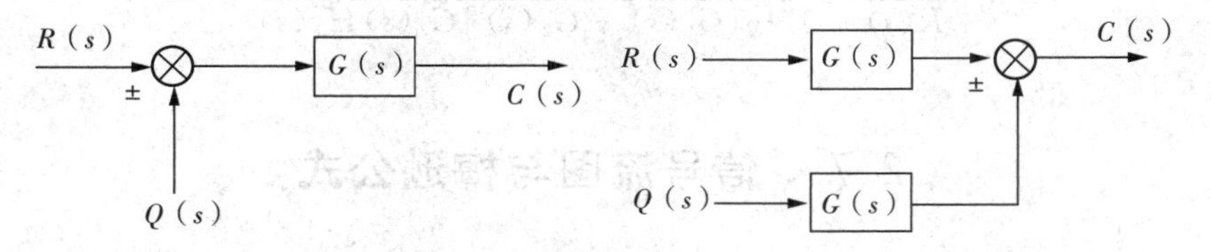

图 2-26　比较点后移图

5. 引出点移动

图 2-27 为引出点的前移图，引出点移动前 $C(s)=R(s)G(s)$，引出点移动后 $C(s)=$

$R(s)G(s)$，移动前后数学关系没有改变。

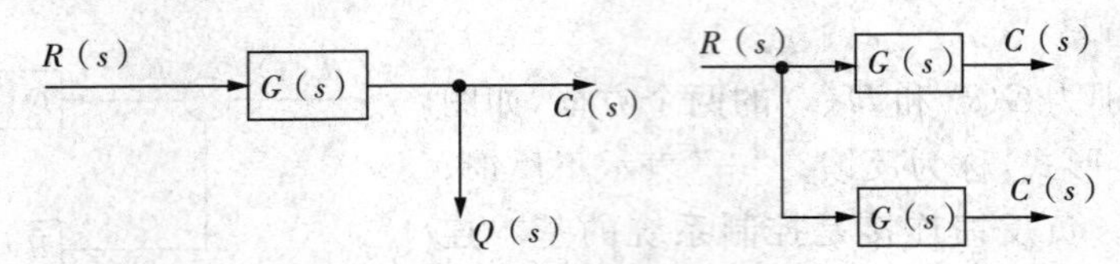

图 2-27　引出点前移图

图 2-28 为引出点后移图，引出点移动前 $C(s)=R(s)G(s)$，引出点移动后 $C(s)=R(s)G(s)$，$R(s)=R(s)G(s)\dfrac{1}{G(s)}$，移动前后数学关系没有任何改变。

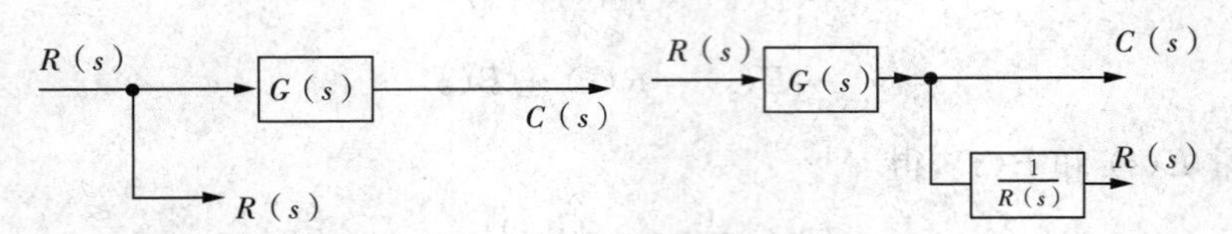

图 2-28　引出点后移图

例 2-4　化简所示的系统结构图，并求出传递函数$\dfrac{C(s)}{R(s)}$。

解：该图在化简过程中不需要移动比较点和引出点，可直接进行方框的合并，首先是 $G_1(s)$ 和 $G_2(s)$ 并联的合并，如图 2-29(a) 所示；然后与 $G_3(s)$ 串联合并简化，如图 2-29(b) 所示；最后与 $H_1(s)$ 组成的反馈回路简化，如图 2-29(c) 所示。

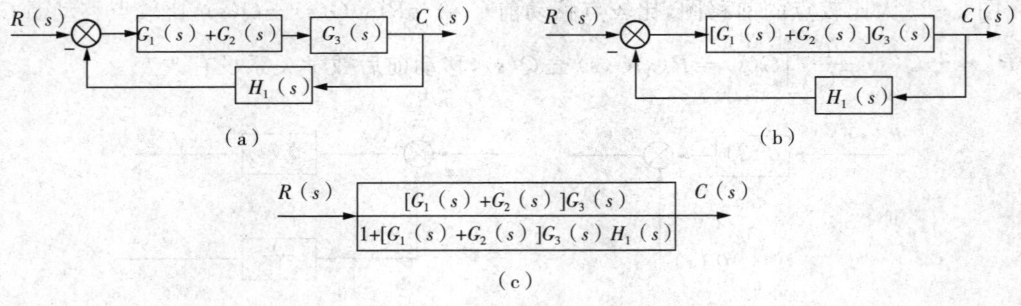

图 2-29　系统结构图化简

系统的传递函数为：

$$\frac{C(s)}{R(s)}=\frac{[G_1(s)+G_2(s)]G_3(s)}{1+[G_1(s)+G_2(s)]G_3(s)H_1(s)}$$

2.7　信号流图与梅逊公式

2.7.1　信号流图的基本概念

框图虽然对于分析系统很有用处，但是遇到比较复杂的系统时，其变换和化简过程往往显得繁琐而费时。采用本节介绍的信号流程图(简称信号流图),可利用梅逊公式直接求得系统中任意两个变量之间的关系。

1. 信号流图中的定义和术语

节点:表示变量或信号的点,用符号“O”表示。

传输:两节点间的增益或传递函数。如图 2-30 中的 $G_1, G_2, G_3, G_4, G_5, G_6, G_7$。

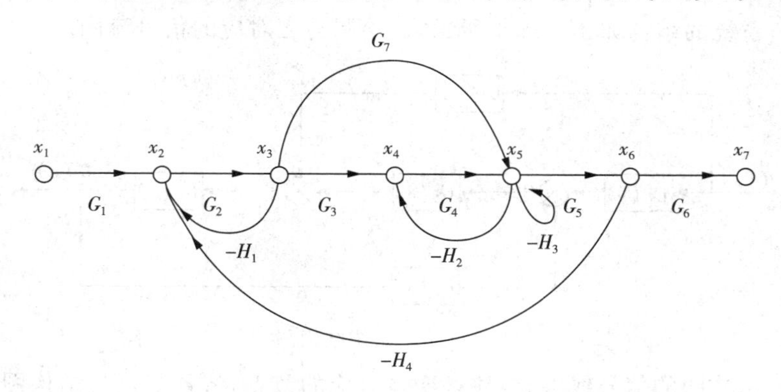

图 2-30　信号流图

支路:连接两个节点并标有信号流向的定向线段。支路的增益即是传输。图 2-30 中支路 $x_2 \to x_3$ 的传输为 G_2,支路 $x_3 \to x_2$ 的传输为 $-H_1$。

源点:只有输出支路而无输入支路的节点,也称为输入节点。它与控制系统的输入信号相对应。如图 2-30 中节点 x_1。

阱点:只有输入支路而无输出支路的节点,也称为输出节点。它与控制系统的输出信号相对应。如图 2-30 中节点 x_7。

混合节点:既有输入支路也有输出支路的节点。如图 2-30 中节点 x_2, x_3, x_4, x_5, x_6。

通路:沿支路箭头所指方向穿过各相连支路的路径。如果通路与任一节点相交的次数不多于一次,则称为开通路;如果通路的终点就是通路的起点,而与任何其他节点相交的次数不多于一次,则称为闭通路或回路。如图 2-30 中有五个回路,分别为 $x_2 \to x_3 \to x_2$,$x_4 \to x_5 \to x_4$,$x_5 \to x_5$,$x_2 \to x_3 \to x_4 \to x_5 \to x_6 \to x_2$,$x_2 \to x_3 \to x_5 \to x_6 \to x_2$。

回路增益:回路中各支路传输的乘积。如图 2-30 中的五个回路增益分别为 $-G_2H_1$,$-G_4H_2$,$-H_3$,$-G_2G_3G_4G_5H_4$,$-G_2G_7G_5H_4$。

不接触回路:如果回路间没有任何共有节点,则称它们为不接触回路。如图 2-30 中有两对不接触回路,$x_2 \to x_3 \to x_2$ 与 $x_4 \to x_5 \to x_4$,$x_2 \to x_3 \to x_2$ 与 $x_5 \to x_5$。

前向通路:如果在从源点到阱点的通路上,通过任何节点不多于一次,则该通路称为前向通路。如图 2-30 中有两条前向通路,分别为 $x_1 \to x_2 \to x_3 \to x_4 \to x_5 \to x_6 \to x_7$,$x_1 \to x_2 \to x_3 \to x_5 \to x_6 \to x_7$。前向通路中各支路传输的乘积,称为前向通路增益。

2. 信号流图的基本性质

信号流图的基本特点如下:

(1) 信号只能沿着支路上箭头表示的方向传递;

(2) 节点将所有输入支路的信号叠加,并把叠加结果送给所有相连的输出支路;

(3) 具有输入和输出支路的混合节点，通过增加一个具有单位传输的线路，可将其变为输出节点；

(4) 对于给定的系统，其信号流图不唯一。

3. 信号流图的绘制

信号流图可以根据系统的运动方程绘制，也可以由系统方框图按照对应关系得出。

例 2-5　系统的结构如图 2-31 所示，试绘制与之对应的信号流图。

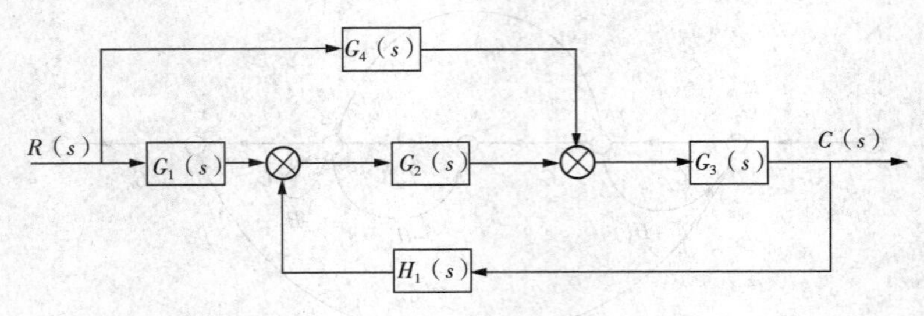

图 2-31　系统结构图

解：在系统结构图的信号线上，标注各变量对应的节点，将各节点与结构图顺序排列，绘制连接各节点的支路，支路与结构图中的方框对应，支路增益为方框的传递函数，得到系统的信号流图如图 2-32(a) 所示。

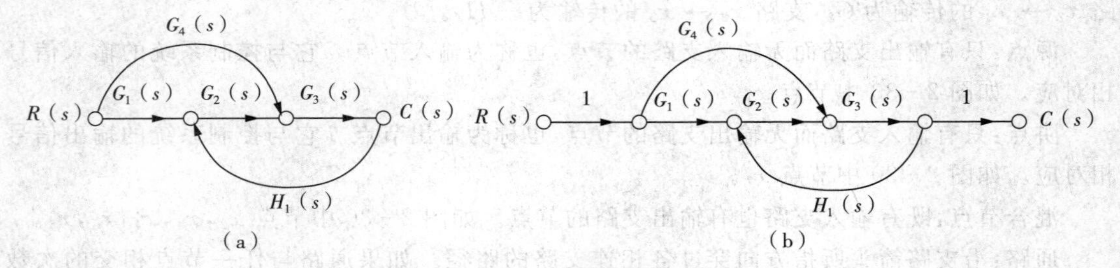

图 2-32　系统信号流图

有时将输入量或者输出量单独作为有一个节点表示，如图 2-32(b) 所示的信号流图。

2.7.2　梅逊公式及其应用

对于复杂的控制系统，用等效变换或者简化的方法化简结构图或者信号流图仍显繁琐，采用梅逊公式，可以直接得到系统的传递函数而不用化简信号流图，使用十分方便，因此，再求系统的传递函数时普遍采用梅逊公式的方法。

梅逊公式为：

$$P=\frac{1}{\Delta}\sum_{k=1}^{n}P_k\Delta_k \qquad (2-30)$$

式(2-30)中：n 为前向通路的条数；P 为总增益；P_k 为第 k 条前向通路的增益；Δ 为信号流图的特征式，即

$$\Delta=1-\sum_{a}L_a+\sum_{bc}L_bL_c-\sum_{def}L_dL_eL_f+\cdots \qquad (2-31)$$

其中，$\sum_{a} L_a$ 为所有回路增益之和；$\sum_{bc} L_b L_c$ 为每两个不接触回路增益乘积之和；$\sum_{def} L_d L_e L_f$ 为每三个不接触回路增益乘积之和；Δk 为在 Δ 中除去与第 k 条前向通路相接触的回路后的特征式，称为第 k 条前向通路特征式的余因子。

例 2－6　试用梅逊公式，求图 2－33 所示系统的传递函数 $C(s)/R(s)$。

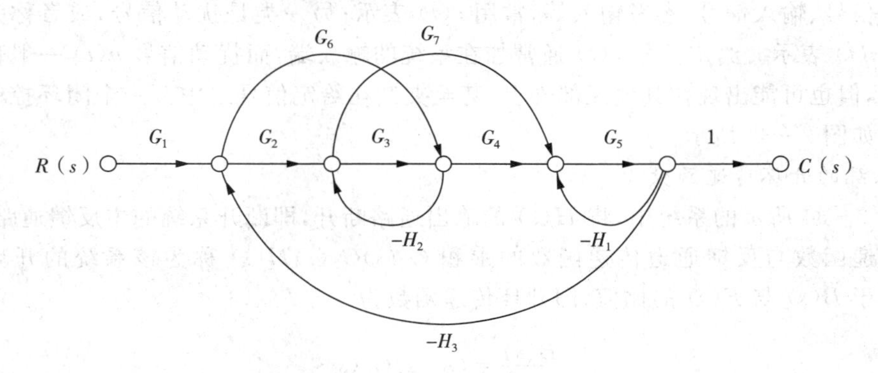

图 2－33　例 2－6 的信号流程图

解：由图 2－33 可知，该系统有 4 条前向通路，它们的通路增益分别为：

$$P_1 = G_1G_2G_3G_4G_5, P_2 = G_1G_6G_4G_5, P_3 = G_1G_2G_7G_5, P_4 = -G_1G_6G_7G_5$$

有 6 个回路，各回路的增益分别为：

$$L_1 = -G_3H_2, L_2 = -G_5H_1, L_3 = -G_2G_3G_4G_5H_3$$

$$L_4 = -G_6G_4G_5H_3, L_5 = -G_2G_7G_5H_3, L_6 = -G_6H_2G_7G_5H_3$$

其中，有 1 对不接触回路 L_1 和 L_2，其增益之积为：

$$L_1L_2 = G_3G_5H_1H_2$$

系统的特征式为：

$$\Delta = 1 - (L_1 + L_2 + L_3 + L_4 + L_5 + L_6) + L_1L_2$$

$$= 1 + G_3H_2 + G_5H_1 + G_2G_3G_4G_5H_3 + G_4G_5G_6H_3 + G_2G_5G_7H_3 - G_3G_5G_6G_7H_3 + G_3G_5H_1H_2$$

所有回路与前向通路均有接触，则

$$\Delta_k = 1(k = 1, \cdots, 4)$$

根据梅逊公式，系统的传递函数为：

$$\frac{C(s)}{R(s)} = \frac{1}{\Delta}\sum_{k=1}^{4} P_k\Delta_k$$

$$= \frac{G_1G_2G_3G_4G_5 + G_1G_4G_5G_6 + G_1G_2G_5G_7 - G_1G_5G_6G_7H_2}{1 + G_3H_2 + G_5H_1 + G_2G_3G_4G_5H_3 + G_4G_5G_6H_3 + G_2G_5G_7H_3 - G_3G_5G_6G_7H_3 + G_3G_5H_1H_2}$$

2.8 控制系统的典型传递函数

自动控制系统在工作过程中，经常会受到两类外作用信号的影响，一类是有用信号，或称为给定信号、输入信号、参考输入等，常用 $r(t)$ 表示；另一类是扰动信号，或者称为干扰信号，常用 $n(t)$ 表示。给定信号 $r(t)$ 通常加在系统的输入端，而扰动信号 $n(t)$ 一般作用在受控对象上，但也可能出现在其他元部件上，甚至夹杂在给定信号之中。一个闭环控制系统的典型结构如图 2-34 所示。

1. 系统的开环传递函数

在图 2-34 所示的系统中，将 $H(s)$ 的输出通路断开，即断开系统的主反馈通路，则将前向通道传递函数与反馈通道传递函数的乘积 $G_1(s)G_2(s)H(s)$ 称为该系统的开环传递函数。它等于 $B(s)$ 与 $E(s)$ 的比值，即开环传递函数为

$$\frac{B(s)}{E(s)}=G_1(s)G_2(s) \tag{2-32}$$

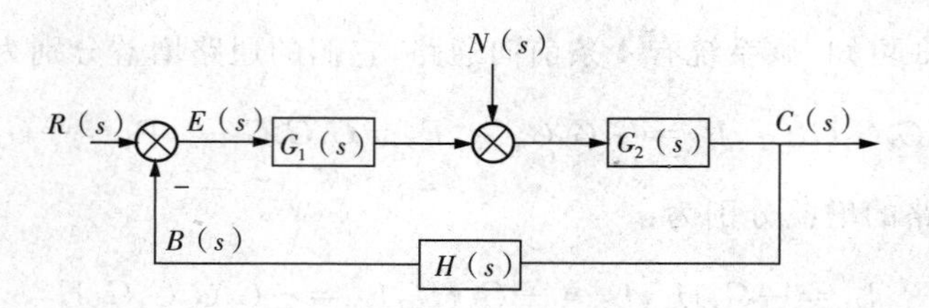

图 2-34 闭环控制系统典型结构

2. 系统的闭环传递函数

(1) 给定信号 $R(s)$ 作用下的闭环传递函数

令 $N(s)=0$，这时图 2-34 所示系统简化为图 2-35 所示系统，则给定信号 $R(s)$ 作用下的闭环传递函数为：

$$\Phi_{cr}(s)=\frac{C(s)}{R(s)}=\frac{G_1(s)G_2(s)}{1+G_1(s)G_2(s)H(s)} \tag{2-33}$$

当系统中只有 $R(s)$ 信号作用时，系统的输出 $C(s)$ 完全取决于 $\Phi_{cr}(s)$ 及 $R(s)$ 的形式。

(2) 扰动信号 $N(s)$ 作用下的闭环传递函数

为研究扰动对系统的影响，需要求出 $C(s)$ 对 $N(s)$ 之间的传递函数。这时令 $R(s)=0$，图 2-34 所示的系统简化为图 2-36 所示系统，则扰动信号 $N(s)$ 作用下的闭环传递函数为：

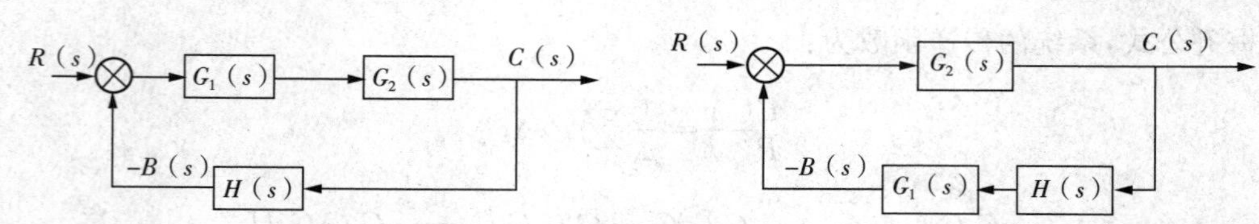

图 2-35 $R(s)$ 作用下系统的结构　　图 2-36 $N(s)$ 作用下系统的结构

$$\Phi_{cn}(s)=\frac{C(s)}{N(s)}=\frac{G_2(s)}{1+G_1(s)G_2(s)H(s)} \tag{2-34}$$

由于扰动信号 $N(s)$ 在系统中的作用位置与给定信号 $R(s)$ 的作用点不一定是同一个地方，故两个闭环传递函数一般是不相同的。这也表明引入扰动作用下系统闭环传递函数的必要性。

(3) 系统的总输出

当给定信号和扰动信号同时作用于系统时，根据线性叠加原理，线性系统的总输出等于各外作用引起的输出的总和，即

$$\begin{aligned}C(s)&=\Phi_{cr}(s)R(s)+\Phi_{cn}(s)N(s)\\&=\frac{G_1(s)G_2(s)}{1+G_1(s)G_2(s)H(s)}R(s)+\frac{G_2(s)}{1+G_1(s)G_2(s)H(s)}N(s)\end{aligned} \tag{2-35}$$

3. 系统的误差传递函数

在分析一个实际的系统时，不仅要掌握输出量的变化规律，还要关心中误差的变化规律。误差的大小直接反映系统工作的精度，因此，得到误差与系统的给定信号 $R(s)$ 及扰动信号 $N(s)$ 之间的数学模型，是非常必要的。在此，定义误差为给定信号与反馈信号之差，即

$$E(s)=R(s)-B(s) \tag{2-36}$$

(1) 给定信号 $R(s)$ 作用下的误差传递函数

令 $N(s)=0$，图 2-34 所示系统简化为图 2-37 所示系统，则给定信号 $R(s)$ 作用下系统的误差传递函数为

$$\Phi_{er}=\frac{E(s)}{R(s)}=\frac{1}{1+G_1(s)G_2(s)H(s)} \tag{2-37}$$

(2) 扰动信号 $N(s)$ 作用下的误差传递函数

令 $R(s)=0$，图 2-34 所示系统简化为 2-38 所示系统，则扰动信号 $N(s)$ 作用下系统的误差传递函数为

$$\Phi_{en}=\frac{E(s)}{N(s)}=\frac{-G_2(s)H(s)}{1+G_1(s)G_2(s)H(s)} \tag{2-38}$$

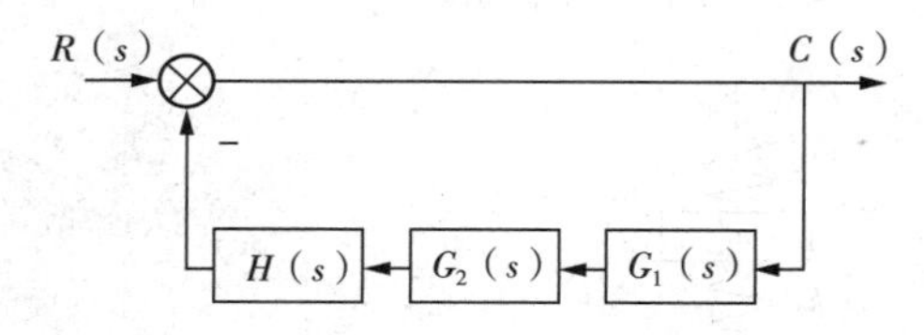

图 2-37　$R(s)$ 作用下误差输出的结构图

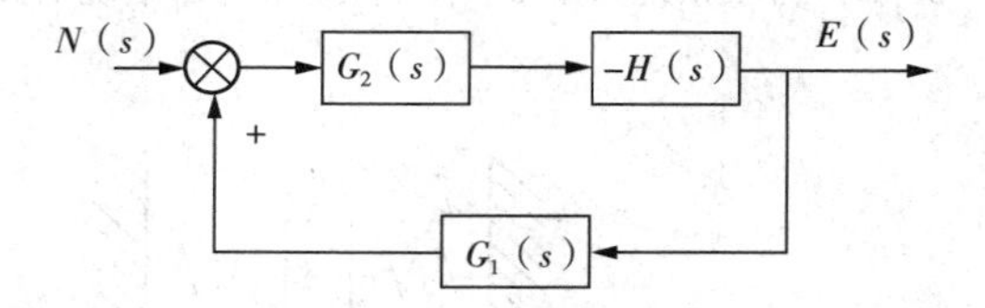

图 2-38　$N(s)$ 作用下误差输出的结构图

(3) 系统的总误差

根据线性叠加原理，系统的总误差为

$$
\begin{aligned}
E(s) &= \Phi_{er}(s)R(s) + \Phi_{en}(s)N(s) \\
&= \frac{1}{1+G_1(s)G_2(s)H(s)}R(s) + \frac{-G_2(s)H(s)}{1+G_1(s)G_2(s)H(s)}N(s)
\end{aligned} \tag{2-39}
$$

比较上面导出的传递函数表达式，可以看出，它们虽然各不相同，但分母却完全相同，这是因为它们的特征式相同，即 $\Delta = [1+G_1(s)G_2(s)H(s)]$，这是闭环控制系统的本质特征，即同一系统的特征式具有唯一性。

本章小结

本章介绍了建立控制系统及其元部件数学模型的一般方法。

(1) 微分方程是描述实际系统数学模型的一种重要形式。通过分析系统及元件的工作原理，确定各变量之间的相互关系，可以列写出系统的微分方程。

(2) 实际的控制系统都是非线性的，为了简化分析，常常在一定的范围内、一定的条件下用小偏差线性化方法将非线性系统转化为线性系统。

(3) 利用传递函数不必求解微分方程就可分析系统的动态性能，以及系统参数或结构变化对动态性能的影响。

(4) 结构图和信号流图是系统数学模型的图形表示。系统内部各变量的转换和信号传递关系在图中可以清晰地反映出来，而且能通过等效变换或梅逊公式求得系统的传递函数。

习　题

2-1　试求图 2-39 所示的电路的微分方程和传递函数。

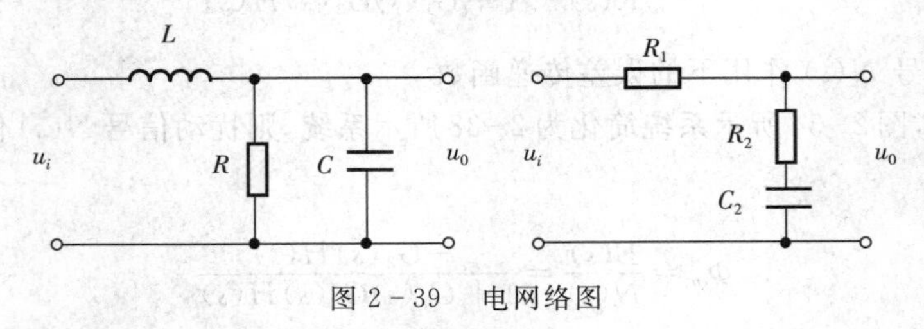

图 2-39　电网络图

2-2　力学系统如图 2-40 所示，试写出系统的微分方程，并求取传递函数。

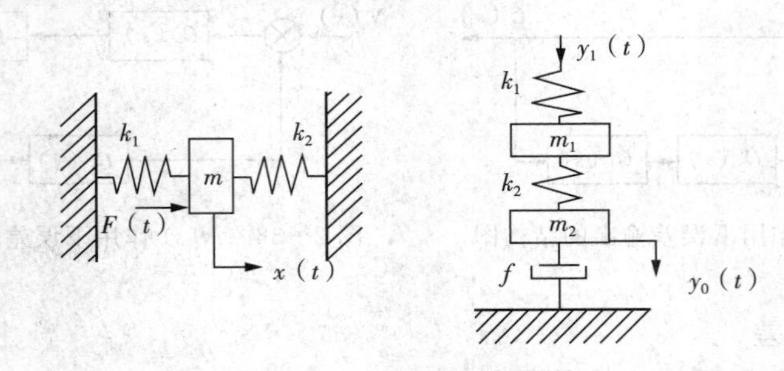

图 2-40　力学系统图

2-3　试化简图 2-41 所示各系统结构图，并求传递函数 $C(s)/R(s)$。

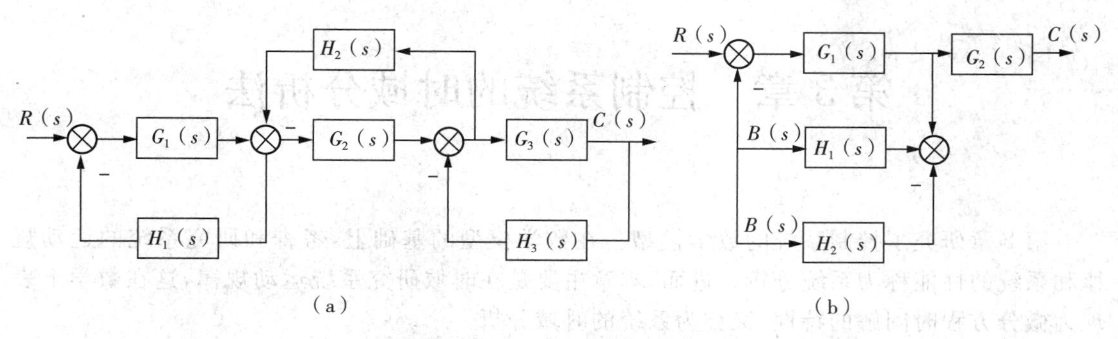

图 2-41　系统结构图

2-4　试绘制图 2-42 所示系统的信号流图，并用梅逊公式求系统的传递函数 $C(s)/R(s)$。

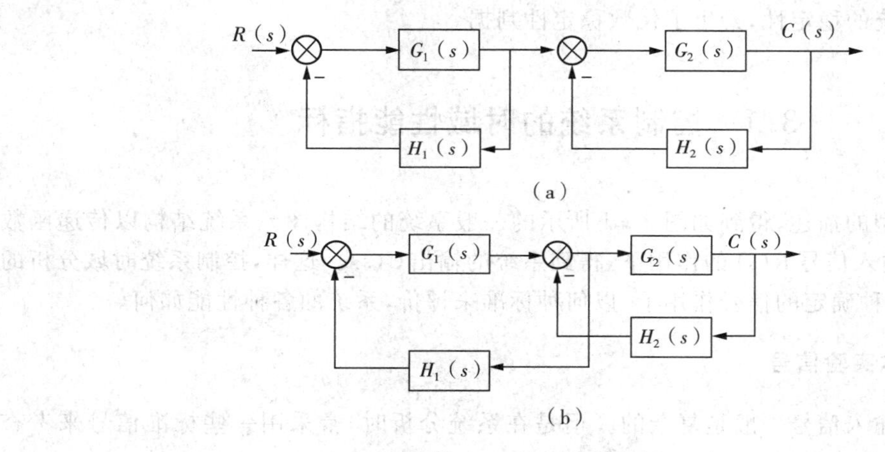

图 2-42　系统结构图

第3章　控制系统的时域分析法

第2章研究了控制系统的数学模型。在数学模型的基础上，考查和研究系统的运动规律和系统的性能称为系统分析。进而，本章主要是在时域研究系统运动规律，这在数学上表现为微分方程时间解的特性，又称为系统的时域分析。

通过系统的时域分析，可以研究出系统运动过程中的动态特性和稳态特性以及评价它们的依据。另外，只有稳定系统，对于其动态特性和稳态特性的研究才是有效的。所以，在本章中讨论了系统的稳定性，给出了代数稳定性判据。

3.1　控制系统的时域性能指标

通过数学模型的描述，得到如图3-1所示的一般系统的结构图。系统结构以传递函数$G(s)$来描述，在输入信号$R(s)$的作用下，得到系统的输出$C(s)$。这样，控制系统时域分析的一般思想为：在何种确定的信号作用下，以何种标准来评价，系统的各种性能如何。

3.1.1　基本实验信号

实际系统的输入信号一般是复杂的。但是在系统分析时，常采用一些标准信号来考查系统的运动，这不失一般性，并且简单有效。常用的基本实验信号有如下几种。

1. 单位脉冲信号

脉冲信号的数学表达式为

$$r(t)=\begin{cases}0, t<0\\ \dfrac{A}{\varepsilon}, 0\leqslant t\leqslant \varepsilon\\ 0, t>\varepsilon\end{cases}$$

脉冲信号的时域波形如图3-1所示。脉冲信号的脉冲宽度为ε，脉冲面积等于A，即$\int_{-\infty}^{+\infty} r(t)\mathrm{d}t=A$。当$A=1$时，为单位脉冲信号。在实际的实验中，脉冲信号的幅值不可能无穷大，脉冲的宽度也不可能无穷窄，因此，对于力学系统，是以冲量来表现的。对于电学系统，则表现为饱和现象，在实验中要注意。另外，因为脉冲信号在瞬间将能量作用于系统，与系统内部储能等价，系统的运动相当于零输入相应，所以更多的是后面一种情况的等价描述。

单位脉冲信号用于考查系统在脉冲扰动后的复位运动。系统在脉冲扰动瞬间之后，对系统的作用就变为零，但是瞬间加至系统的能量使得系统以何种方式运动是考查的目的。

2. 单位阶跃函数

阶跃信号的数学表达式为

$$r(t)=A\cdot 1(t)=\begin{cases}0, t<0\\ A, t>0\end{cases}$$

阶跃信号的时域波形如图 3-2 所示，当 $A=1$ 时，阶跃函数称为单位阶跃函数。在实际工程中，电源电压的突然波动，负载的突然改变，流量阀突然开大或关小均可以近似看成阶跃函数的形式。单位阶跃信号是用于考查系统对恒值信号跟踪能力的实验信号。

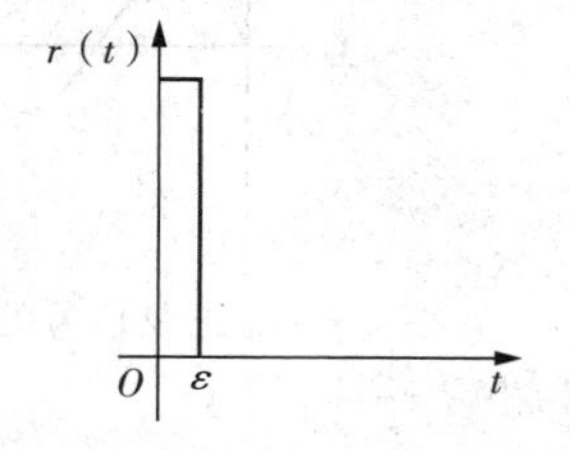

图 3-1　脉冲信号的时域波形

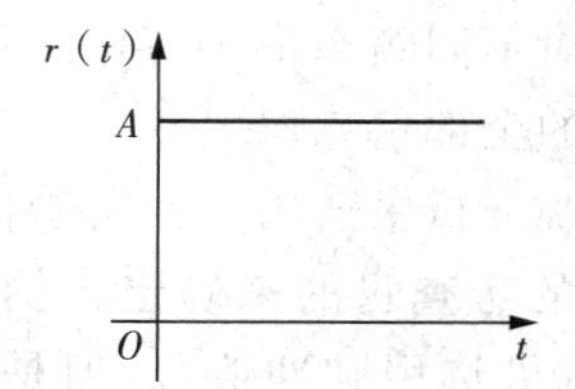

图 3-2　阶跃信号的时域波形

3. 单位斜坡信号

斜坡信号的数学表达式为

$$r(t)=\begin{cases}0, t<0\\ At, t\geqslant 0\end{cases}$$

斜坡信号的时域波形如图 3-3 所示，$A=1$ 时，称作单位斜坡信号。单位斜坡信号是用于考查系统对等速率信号的跟踪能力时的实验信号。

4. 单位加速度信号

加速度信号的数学表达式为

$$r(t)=\begin{cases}0, t<0\\ \frac{1}{2}At^2, t\geqslant 0\end{cases}$$

加速度信号的时域波形如图 3-4 所示，当 $A=1$ 时，称为单位加速度信号。单位加速度信号是考查系统的机动跟踪能力时的实验信号。

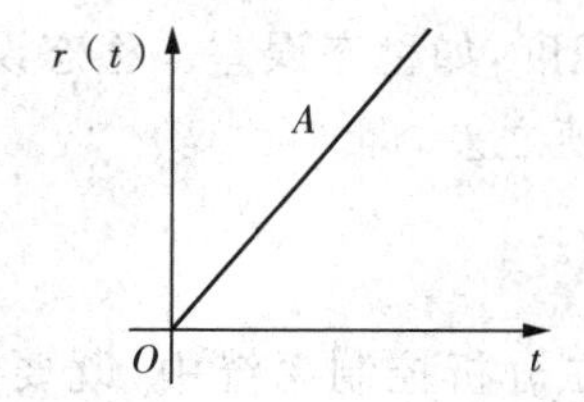

图 3-3　斜坡信号的时域波形

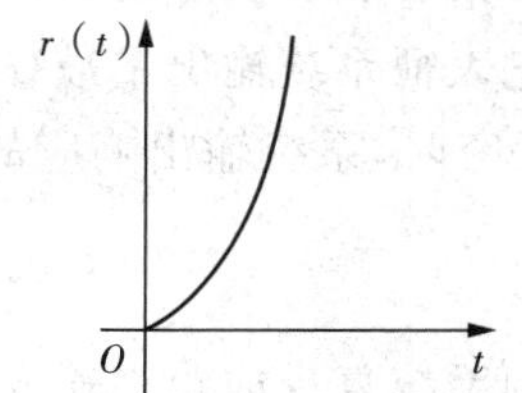

图 3-4　加速度信号的时域波形

5. 单位正弦信号

正弦信号的表达式为

$$r(t)=\begin{cases}0, t<0\\ A\sin\omega t, t\geqslant 0\end{cases}$$

式中,A 为振幅,ω 为角频率,正弦函数为周期函数。

正弦信号的时域波形如图 3-5 所示。当正弦信号作用于线性系统时,系统输出的稳态分量是和输入信号同频率的正弦信号,仅仅是幅值和初相位的不同。根据系统对不同频率正弦信号的稳态响应,可以得到系统性能的全部信息。

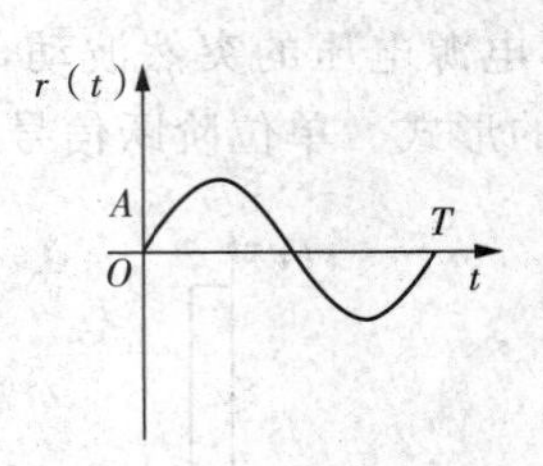

图 3-5 正弦信号的时域波形

关于在系统分析中选用何种实验信号的问题,需要根据对系统的考查目的来确定。例如在考查系统的调节能力时,可选用脉冲信号,但是如果考查系统对于定值信号的保持能力,就要选用阶跃信号来进行系统分析了。地面雷达跟踪空中的机动目标时,无论是俯仰角的变化还是方位角的变化,都可以近似为等速率变化规律,采用斜坡信号比较恰当。但是在考查船舶自动驾驶系统,或者坦克炮系统在车体行进中的自稳能力时,就不能采用斜坡信号了。由于海浪起伏特性与地面颠簸信号接近于正弦信号,采用正弦信号,或者至少采用加速度信号作为实验信号,来考查系统的二阶以上的信号的跟踪能力才是合理的。

3.1.2 控制系统的性能指标

性能指标,是在分析一个控制系统的时候,以定量的方式来评价系统性能好坏的标准。在本章中主要使用时域性能指标。

系统性能的描述,又可以分为动态性能和稳态性能。粗略地说,系统的全部响应过程中,系统的动态性能表现在过渡过程完结之前的响应中,系统的稳态性能表现在过渡过程完结之后的响应中。系统性能的描述,又以准确的定量方式来描述称为系统的性能指标。在系统分析中,不管是本章的时域分析法,还是后面各章其他的系统分析方法,都是紧密地围绕系统的性能指标来分析控制系统的。

1. 稳态过程和稳态性能指标

稳态过程是指系统在典型输入信号作用下,当时间 t 趋于无穷大时,控制系统输出状态的表现方式。它表征系统输出量最终复现输入量的程度,如稳态误差。稳态误差 e_{ss} 定义为:当时间 t 趋于无穷时,系统输出响应的期望值与实际值之差,即

$$e_{ss}=\lim_{t\to\infty}[r(t)-c(t)] \tag{3-1}$$

它反映控制系统复现或跟踪输入信号的能力。在分析控制系统中,既要研究系统的瞬态响应,如达到新的稳定状态所需的时间,同时也要研究系统的稳态特性,以确定对输入信号跟踪误差的大小。

2. *动态过程和动态性能指标*

动态过程也称为瞬态过程，是指在典型输入信号作用下系统输出量从初始状态到最终状态的响应过程。由于实际系统存在惯性、摩擦和阻尼等原因，系统的输出量不可能完全复现输入量的变化，一般情况下表现为衰减、发散或等幅振荡形式。显然，一个可以实际运行的控制系统，其动态过程必须是衰减的，即系统必须是稳定的。动态过程除了提供系统稳定性的信息外，还可以提供相应速度及阻尼情况等信息。系统的动态过程使用动态性能指标来描述，一般认为，阶跃输入能够使系统处于最不利的工作状态，如果系统在阶跃输入下的动态性能满足要求，则系统在其他形式的输入信号作用下的动态指标就是令人满意的。因此，定义动态性能指标时，设定系统的输入为阶跃输入。图 3-6 所示为典型二阶系统在单位阶跃输入下的动态响应曲线，其动态性能指标如下：

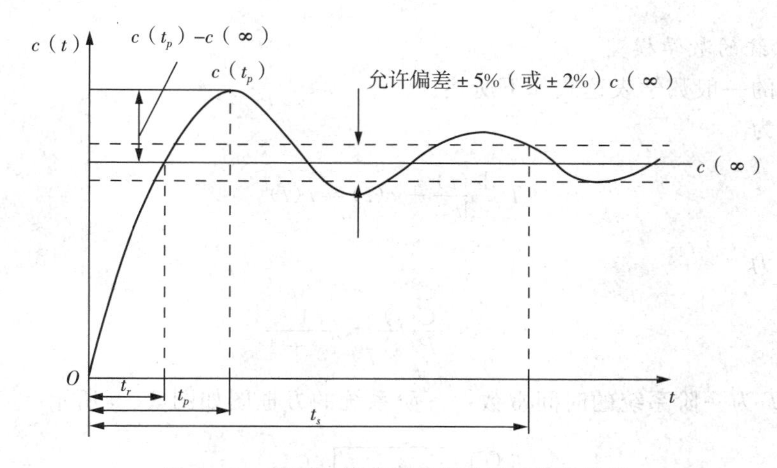

图 3-6　控制系统典型单位阶跃响应曲线图

(1) 上升时间 t_r：响应曲线从零时刻首次达到稳态值的时间。有些系统没有超调，理论上达到稳态值的时间需要无穷大，因此，也将上升时间 t_r 定义为响应曲线从稳态值的10%上升到稳态值的 90% 所需的时间。

(2) 峰值时间 t_p：响应曲线到达第一个峰值所需要的时间。

(3) 调节时间 t_s：响应曲线到达并保持在其稳态值±5%(或±2%) 内所需要的时间。

(4) 最大超调量 δ_p：响应曲线的最大偏离量和稳态值之差与稳态值之比，即

$$\delta_p = \frac{c(t_p) - c(\infty)}{c(\infty)} \times 100\% \tag{3-2}$$

(5) 振荡次数 N：在调节时间 t_s 内响应曲线振荡的次数。

以上各性能指标中，延迟时间 t_d、上升时间 t_r、峰值时间 t_p、调节时间 t_s 反映系统的快速性；而最大超调量 δ_p 和振荡次数 N 则反映系统的平稳性。

3.2　一阶系统的时域分析

可以用一阶微分方程描述的系统，称为一阶系统。例如 RC 滤波电路，浮球式水位控制

系统等，如图 3－7、图 3－8 所示。

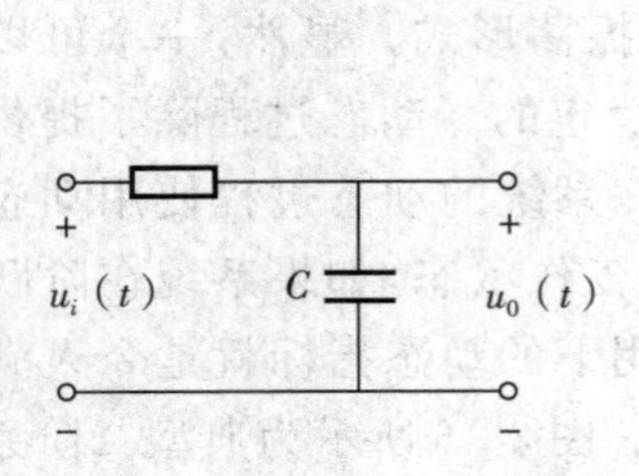

图 3－7 一阶 RC 滤波电路

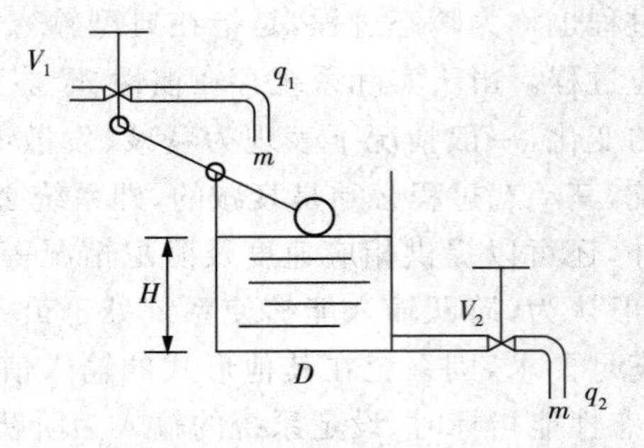

图 3－8 浮球式水位控制系统

1. 一阶系统的数学模型

一阶系统的一般数学表达式如下所述。

微分方程为

$$T\frac{\mathrm{d}c(t)}{\mathrm{d}t}+c(t)=r(t) \tag{3-3}$$

传递函数为

$$\Phi(s)=\frac{C(s)}{R(s)}=\frac{1}{Ts+1} \tag{3-4}$$

式(3－4)中，T 为一阶系统的时间常数。一阶系统的方框图如图 3－9 所示。

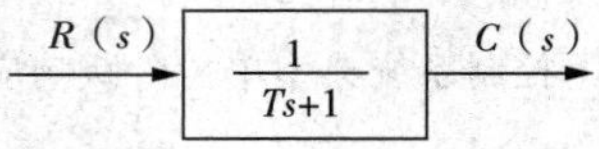

$$R(s) \rightarrow \boxed{\frac{1}{Ts+1}} \rightarrow C(s)$$

图 3－9 一阶系统方框图

2. 一阶系统的单位阶跃响应

当 $r(t)=1(t)$，即 $R(s)=\frac{1}{s}$ 时，一阶系统的单位阶跃响应的拉氏变换为：

$$C(s)=R(s)\cdot\Phi(s)=\frac{1}{s(Ts+1)} \tag{3-5}$$

对上式取拉氏反变换，得到单位阶跃响应为

$$h(t)=L^{-1}[C(s)]=L^{-1}[R(s)\cdot\Phi(s)]=L^{-1}\left[\frac{1}{s(Ts+1)}\right]=1-\mathrm{e}^{-\frac{t}{T}},t\geqslant 0 \tag{3-6}$$

响应曲线如图 3－10 所示。

由图中可以看到，在阶跃信号的作用下，响应曲线的形状为单调增的曲线，具备如下两个重要特点：

(1) 可用时间常数 T 度量系统输出值的数值。

当 $t=T$ 时，$h(t)=0.632$；当 $t=2T$ 时，$h(t)=0.865$；当 $t=3T$ 时，$h(t)=0.950$；

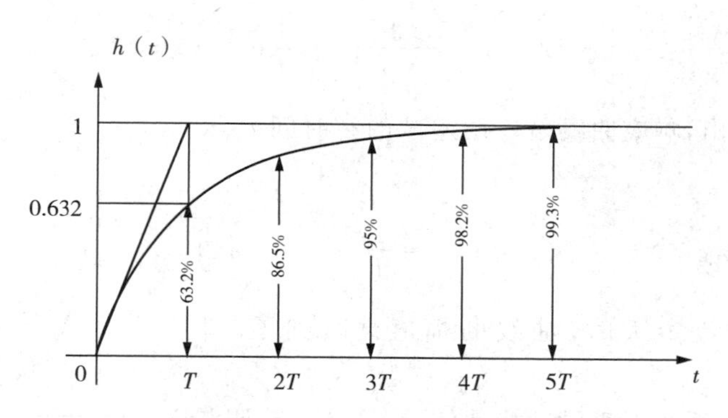

图 3-10　一阶系统的单位阶跃响应曲线

当 $t=4T$ 时，$h(t)=0.982$；当 $t=5T$ 时，$h(t)=0.993$。

根据这一特点，可用实验方法测定一阶系统的时间常数，或者测定系统是否属于一阶系统。

(2) 响应曲线的斜率的初始值为 $1/T$，并随时间的推移而下降。例如：

$$\frac{\mathrm{d}h(t)}{\mathrm{d}t}\bigg|_{t=0}=\frac{1}{T};\frac{\mathrm{d}h(t)}{\mathrm{d}t}\bigg|_{t=T}=0.368\frac{1}{T};\frac{\mathrm{d}h(t)}{\mathrm{d}t}\bigg|_{t=\infty}=0$$

单位阶跃响应完成全部变化所需的时间为无限长，即有 $h(\infty)=1$。此外，初始斜率特性也是常用来确定一阶系统时间常数的方法之一。

根据动态性能指标的定义，一阶系统的动态性能指标为 $t_s=3T$ 时，$h(t)=0.95$，即过渡过程曲线 $h(t)$ 的数值与稳态输出值相比较，仅仅相差 5%。在工程实践中，常常认为此刻过渡已结束，即取 $t_s=3T$。如果规定过渡过程曲线 $h(t)$ 的数值与稳态输出值相差 2% 时，过渡过程结束，则取 $t_s=4T$。显然，峰值时间 t_p 和超调量 δ_p 都不存在。由于时间常数 T 反映系统的惯性，一阶系统惯性越小，响应速度越快；反之惯性越大，响应越慢。

因此，对于一阶惯性系统，可以不求系统的运动解，根据系统唯一的一个特征参数即时间常数 T，就可以完成一阶系统的分析了。

3. 一阶系统的单位脉冲响应

当系统输入信号为单位脉冲信号 $r(t)=\delta(t)$ 时，即 $R(s)=1$ 时，这时系统的响应为单位脉冲响应 $g(t)$，即

$$g(t)=L^{-1}[C(s)]=L^{-1}[R(s)\cdot\Phi(s)]=L^{-1}[\Phi(s)] \tag{3-7}$$

由此可知，系统的脉冲响应函数就是系统闭环传递函数的原函数。反过来，系统的闭环传递函数等于系统单位脉冲响应的拉氏变换，即

$$\Phi(s)=L[g(t)] \tag{3-8}$$

对于一阶系统，当 $r(t)=\delta(t)$ 时，即 $R(s)=1$ 时，有

$$C(s)=\frac{C(s)}{R(s)}\cdot R(s)=\frac{1}{Ts+1} \tag{3-9}$$

对上式求拉氏反变换，得到单位脉冲响应为

$$g(t)=L^{-1}\left[\frac{1}{Ts+1}\right]=\frac{1}{T}\mathrm{e}^{-\frac{t}{T}},t\geqslant 0 \tag{3-10}$$

由响应曲线可以看出，响应曲线是单调递减的。时间 $t=0$ 时，响应为最大值

$$g(t)=g(0)=\frac{1}{T}\times \mathrm{e}^{-\frac{1}{T}t}\bigg|_{t=0}=\frac{1}{T} \tag{3-11}$$

当时间 t 趋于无穷大时，曲线的幅值衰减到零，即 $g(\infty)=0$。

因此得出，一阶系统对于脉冲扰动信号，具有自动调节能力。经过有限时间 t_s 后，可以使得脉冲式扰动信号对于系统的影响衰减到允许误差之内。

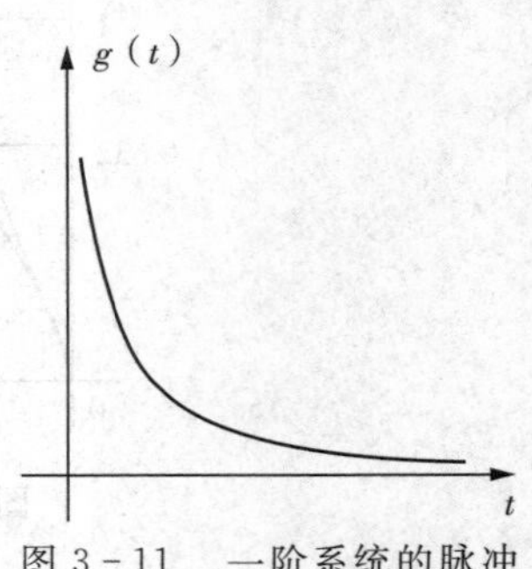

图 3-11　一阶系统的脉冲响应曲线图

综上所述，一阶系统只有一个系统特征参数，也就是时间常数 T。一阶系统在脉冲扰动作用下，可以实现自动调节，将扰动的影响尽快地衰减。一阶系统可以跟踪阶跃信号，使系统的输出在规定时间内到达稳态值。

3.3　二阶系统的时域分析

3.3.1　二阶系统的数学模型

凡是以二阶微分方程作为运动方程的控制系统，称为二阶系统。它在控制领域的应用极为广泛，如 RLC 网络、忽略电枢电感后的电动机、弹簧-质量-阻尼系统、扭转弹簧系统等。在分析和设计自动控制系统时，常常把二阶系统的响应特性视为一种基准。因为在控制领域中，不仅二阶系统的典型应用极为普遍，同时不少高阶系统的特性在一定条件下可用二阶系统的特性来表征，因此，介绍二阶系统的分析和计算方法，具有较大的实际意义。

二阶系统的结构图如图 3-12 所示。为了研究讨论二阶系统的一般问题，一般将具体的系统等价为图示的标准形式。

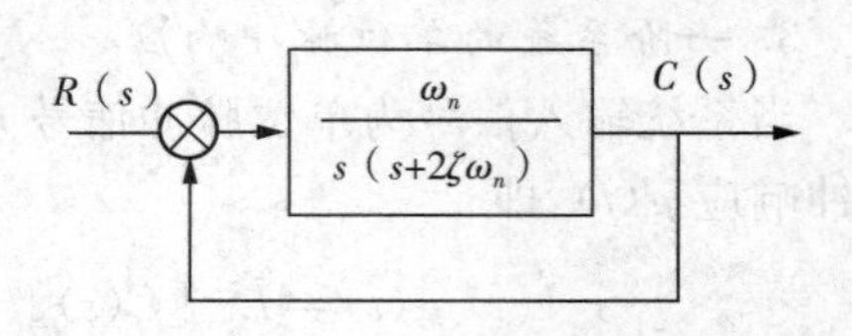

图 3-12　标准化的二阶系统

二阶系统的开环传递函数为

$$G(s)=\frac{\omega_n^2}{s(s+2\zeta\omega_n s)} \tag{3-12}$$

而闭环传递函数为

$$\Phi(s)=\frac{C(s)}{R(s)}=\frac{\omega_n^2}{s^2+2\zeta\omega_n s+\omega_n^2} \tag{3-13}$$

闭环传递函数的分母多项式等于零的代数方程称为二阶系统的特征方程，即为

$$D(s)=s^2+2\zeta\omega_n s+\omega_n^2=0 \tag{3-14}$$

闭环特征方程的两个根称为二阶系统的特征根，即

$$s_{1,2}=-\zeta\omega_n\pm\omega_n\sqrt{\zeta^2-1} \tag{3-15}$$

上述二阶系统的数学模型中有两个特征参数 ζ 和 ω_n。其中 ζ 称为二阶系统的阻尼比，量纲为 1；ω_n 称为二阶系统的无阻尼振荡频率，单位为 rad/s。二阶系统的系统分析和性能描述，基本上式以这两个特征参数来表示。

上述系统的特征根的表达式中，随着阻尼比 ζ 的不同取值，特征根 s_i 有不同类型的值，在 s 平面上位于不同的位置，共有下面四种情况。

1. 欠阻尼（$0<\zeta<1$）

当 $0<\zeta<1$ 时，两个特征根分别为 $s_{1,2}=-\zeta\omega_n\pm\sqrt{1-\zeta^2}$，是一对共轭复根，如图 3-13(a) 所示。

2. 临界阻尼（$\zeta=1$）

当 $\zeta=1$ 时，特征方程有两个相同的复实根，即 $s_{1,2}=-\omega_n$，此时的 s_1、s_2 的位置如图 3-13(b) 所示。

3. 过阻尼（$\zeta>1$）

两个特征根分别为 $s_{1,2}=-\zeta\omega_n\pm\sqrt{\zeta^2-1}$，是两个不相等的实根，如图 3-13(c) 所示。

4. 无阻尼（$\zeta=0$）

$\zeta=0$ 是欠阻尼的特殊情况，特征方程具有一对共轭虚根，即 $s_{1,2}=-j\omega_n$，如图 3-13(d) 所示。

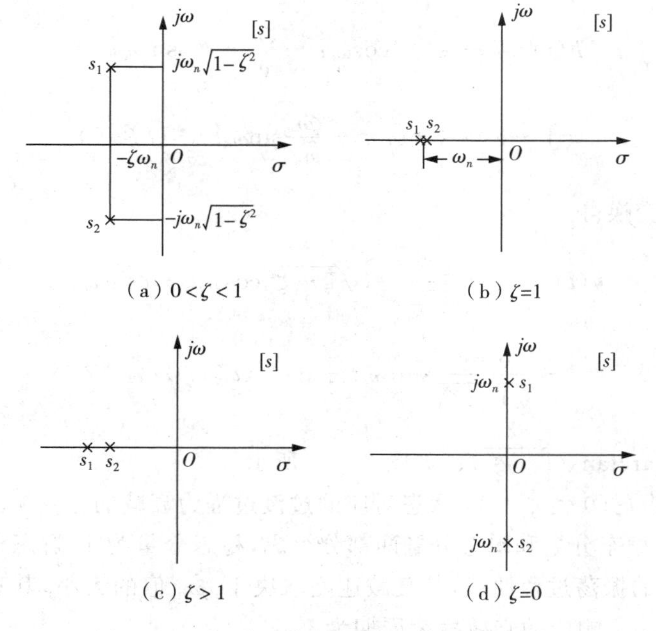

图 3-13　二阶系统在 s 平面上闭环极点分布

下面针对上述四种情况，分别分析系统在单位阶跃函数、斜坡函数及脉冲函数作用下二

阶系统的过渡过程，假设系统的初始条件都为零。

3.3.2 二阶系统的单位阶跃响应

令 $r(t)=1(t)$，$R(s)=\dfrac{1}{s}$，二阶系统在单位阶跃函数作用下输出信号的拉氏变换为

$$C(s)=\frac{\omega_n^2}{s^2+2\zeta\omega_n s+\omega_n^2}\cdot\frac{1}{s} \tag{3-16}$$

对式(3-16)进行拉氏反变换，得到二阶系统在单位阶跃函数作用下的过渡过程，即

$$h(t)=L^{-1}[C(s)]=L^{-1}\left[\frac{\omega_n^2}{s^2+2\zeta\omega_n s+\omega_n^2}\cdot\frac{1}{s}\right] \tag{3-17}$$

1. 欠阻尼系统阶跃响应

当 $0<\zeta<1$ 时，系统有一对实部为负的共轭复根。这时：

$$\begin{aligned}C(s)&=\frac{1}{s}-\frac{s+2\zeta\omega_n}{(s+\zeta\omega_n+j\omega_d)(s+\zeta\omega_n-j\omega_d)}\\&=\frac{1}{s}-\frac{s+\zeta\omega_n}{(s+\zeta\omega_n)^2+\omega_d^2}-\frac{\zeta\omega_n}{\omega_d}\cdot\frac{\omega_d}{(s+\zeta\omega_n)^2+\omega_d^2}\end{aligned} \tag{3-18}$$

式(3-18)中 $\omega_d=\omega_n\sqrt{1-\zeta^2}$ 为有阻尼自振角频率。

对式(3-18)进行拉氏反变换，得

$$\begin{aligned}h(t)&=1-e^{-\zeta\omega_n t}\cos\omega_d t-\frac{\zeta\omega_n}{\omega_d}e^{-\zeta\omega_n t}\sin\omega_d t\\&=1-e^{-\zeta\omega_n t}\left(\cos\omega_d t-\frac{\zeta\omega_n}{\omega_d}\sin\omega_d t\right)\quad(t\geqslant 0)\end{aligned} \tag{3-19}$$

将式(3-19)进行变换得

$$\begin{aligned}h(t)&=1-\frac{e^{-\zeta\omega_n t}}{\sqrt{1-\zeta^2}}(\sqrt{1-\zeta^2}\cos\omega_d t-\zeta\sin\omega_d t)\\&=1-\frac{e^{-\zeta\omega_n t}}{\sqrt{1-\zeta^2}}\sin(\omega_d t+\varphi)\quad(t\geqslant 0)\end{aligned} \tag{3-20}$$

式(3-20)中，$\varphi=\arctan\sqrt{1-\zeta^2}/\zeta$，如图3-14所示。

式子表明，欠阻尼($0<\zeta<1$)状态对应的过渡过程为衰减的正弦振荡过程，如图3-15所示。系统响应由稳态分量和瞬态分量两部分组成，稳态分量为1，瞬态分量曲线是一个随时间 t 增长而衰减的振荡过程曲线，其衰减速度取决于 $\zeta\omega_n$ 值的大小，其衰减振荡的频率便是阻尼自振角频率 ω_d，响应的衰减振荡周期为

$$T_d=\frac{2\pi}{\omega_d\sqrt{1-\zeta^2}} \tag{3-21}$$

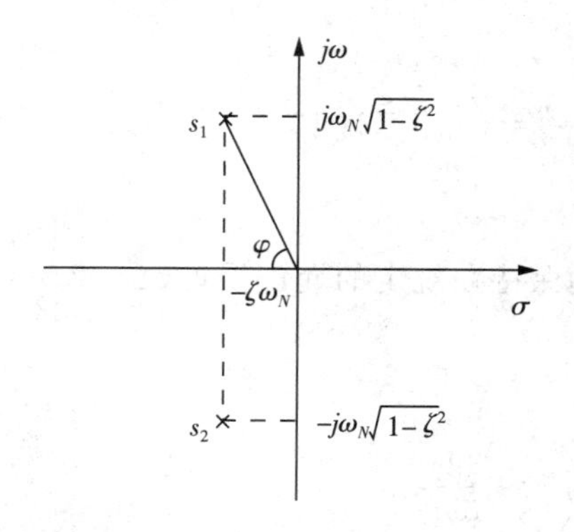

图 3-14　φ 角的定义

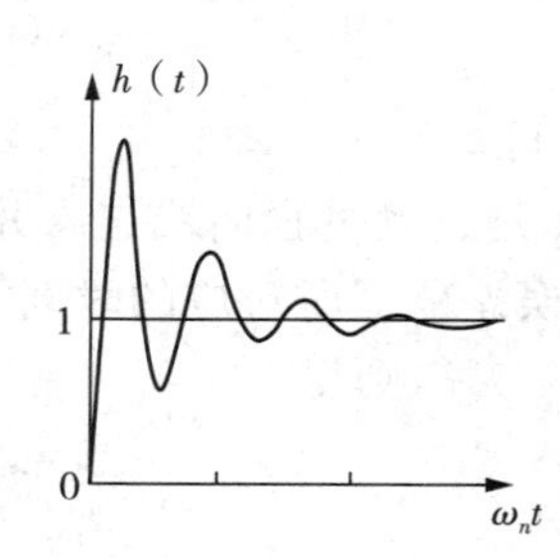

图 3-15　欠阻尼状态下系统单位阶跃响应

$\zeta=0$ 是欠阻尼的一种特殊情况，将其代入式(3-20)，可直接得到

$$h(t)=1-\cos\omega_n t \tag{3-22}$$

从式(3-22)可以看出，无阻尼时二阶系统的阶跃响应是等幅正弦振荡曲线，振荡角频率为 ω_n。

综上所述，可以看出 ω_n 和 ω_d 的物理意义。ω_n 是 $\zeta=0$ 时，二阶系统过渡过程为等幅振荡时的角频率，称为无阻尼自振角频率。ω_d 是欠阻尼($0<\zeta<1$)时，二阶系统过渡过程为衰减正弦振荡时的角频率，称为有阻尼自振角频率；而 $\omega_d=\omega_n\sqrt{1-\zeta^2}$，显然 $\omega_d<\omega_n$，且随着 ζ 值增大，ω_d 值将减小。

欠阻尼下系统单位阶跃响应的性能指标如下：

(1) 上升时间 t_r

在式(3-20)中，令 $h(t_r)=1$，即

$$h(t_r)=1-\frac{e^{-\zeta\omega_n t_r}}{\sqrt{1-\zeta^2}}\sin(\omega_d t_r+\varphi)=1 \tag{3-23}$$

因为 $e^{-\zeta\omega_n t_r}\neq 0$，所以 $\omega_d t_r+\varphi=k\pi$。又由 t_r 的定义可知 $k=1$，因此得到上升时间 t_r 为

$$t_r=\frac{\pi-\varphi}{\omega_d}=\frac{\pi-\varphi}{\omega_n\sqrt{1-\zeta^2}} \tag{3-24}$$

(2) 峰值时间 t_p

在式中，将 $h(t)$ 对时间求导，并令其等于零，可求得

$$t_p=\frac{\pi}{\omega_d}=\frac{\pi}{\omega_n\sqrt{1-\zeta^2}} \tag{3-25}$$

(3) 最大超调量 δ_p

将 t_p 代入输出响应中，得到输出的最大值为：

$$h(t_p)=1+e^{-\zeta\omega_p t_p}=e^{-\zeta\pi/\sqrt{1-\zeta^2}} \tag{3-26}$$

代入最大超调量 δ_p 公式得到：

$$\delta_p=\frac{h(tp)-h(\infty)}{h(\infty)}=\mathrm{e}^{-\frac{\zeta\pi}{\sqrt{1-\zeta^2}}}\times 100\% \tag{3-27}$$

(4) 调节时间 t_s

调节时间 t_s 是过渡过程曲线进入并永远保持在规定的允许误差（$\Delta=2\%$ 或 $\Delta=5\%$）范围内，进入允许误差范围所对应的时间。

① 若取 $\Delta=5\%$，则得

$$t_s(5\%)\approx\frac{3}{\zeta\omega_n} \tag{3-28}$$

② 若取 $\Delta=2\%$，则得

$$t_s(2\%)\approx\frac{4}{\zeta\omega_n} \tag{3-29}$$

(5) 振荡次数 N

振荡次数 N 是指在调节时间内，输出响应曲线波动的次数。

① 若取 $\Delta=5\%$，则得

$$N(5\%)=\frac{-1.5}{\ln\delta_p} \tag{3-30}$$

② 若取 $\Delta=2\%$，则得

$$N(2\%)=\frac{-2}{\ln\delta_p} \tag{3-31}$$

2. 临界阻尼系统单位阶跃响应

当阻尼比 $\zeta=1$ 时，系统的特征根为两相等的负实根，此时系统在单位阶跃函数作用下，输出的拉氏变换为

$$C(s)=\frac{\omega_n^2}{s\,(s+\omega_n)^2}=\frac{1}{s}-\frac{\omega_n}{(s+\omega_n)^2}-\frac{1}{s+\omega_n} \tag{3-32}$$

对式(3-32)进行拉氏反变换，得

$$h(t)=1-\omega_n t\mathrm{e}^{-\omega_n t}-\mathrm{e}^{-\omega_n t}=1-\mathrm{e}^{-\omega_n t}(1+\omega_n t)\quad(t\geqslant 0) \tag{3-33}$$

二阶系统当阻尼比 $\zeta=1$ 时，在单位阶跃函数作用下的过渡过程是一条无超调的单调上升的曲线。如图 3-16 所示。在临界阻尼状态下，系统的超调量 $\delta_p=0$，调节时间 $t_s=\frac{4.7}{\omega_n}$，对应于 $\Delta=5\%$。

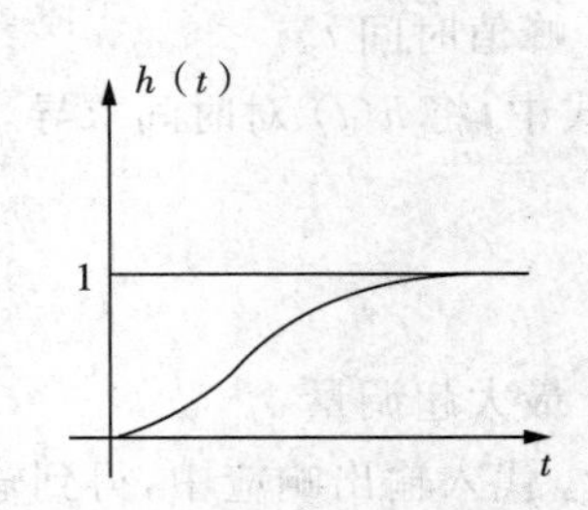

图 3-16 临界阻尼系统阶跃响应

3. 过阻尼系统单位阶跃响应

当 $\zeta>1$ 时，系统有两个不相等的负实根 $s_{1,2}=-\zeta\omega_n\pm\omega_n\sqrt{\zeta^2-1}$，此时系统在单位阶跃函数作

用下，输出的拉氏变换为

$$C(s)=\frac{\omega_n^2}{s^2+2\zeta\omega_n s+\omega_n}\cdot\frac{1}{s}=\frac{\omega_n^2}{s(s-s_1)(s-s_2)}$$

$$=\frac{1}{s}+\frac{A_1}{s-s_1}+\frac{A_2}{s-s_2} \tag{3-34}$$

对式(3－34) 求拉氏反变换，得到过阻尼系统的单位阶跃响应为

$$h(t)=1+A_1\mathrm{e}^{s_1 t}+A_2\mathrm{e}^{s_2 t}$$

$$=1-\frac{1}{2\sqrt{\zeta^2-1}}\left[\frac{1}{\zeta-\sqrt{\zeta^2-1}}\mathrm{e}^{s_1 t}-\frac{1}{\zeta+\sqrt{\zeta^2-1}}\mathrm{e}^{s_2 t}\right] \tag{3-35}$$

分析上式可知，由于 s_1、s_2 均为负实数，这时系统的阶跃响应包含着两个衰减的指数项，输出稳态值为 1，所以系统不存在稳态误差，其过渡过程曲线如图 3－17 所示。

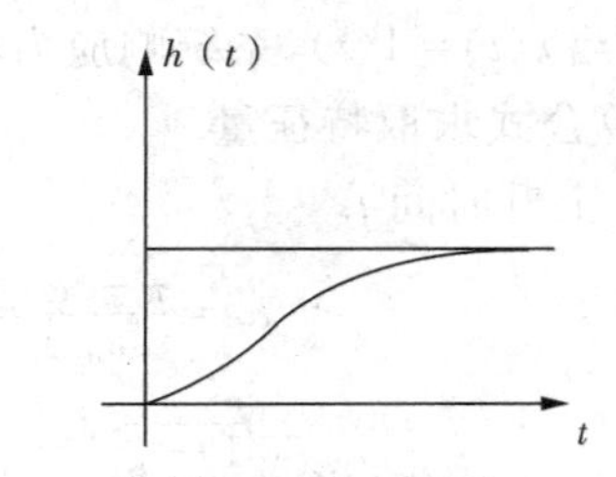

图 3－17　过阻尼二阶系统阶跃响应

4. 二阶系统单位跃响应的主要特征

由前面的分析和计算可知，阻尼比 ζ 和无阻尼自然振荡频率 ω_n 决定了系统的单位阶跃响应，特别是阻尼比 ζ 的取值决定了响应曲线的形状。在单位阶跃函数作用在对应不同的阻尼比时，二阶系统的过渡过程曲线如图 3－18 所示。

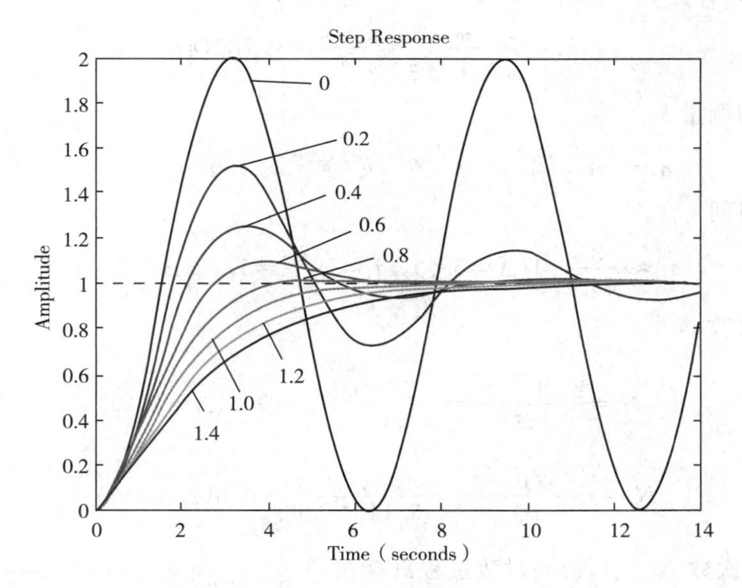

图 3－18　二阶系统在不同阻尼比下的单位阶跃响应

由图 3－18 可以看出以下变化过程。

(1) 阻尼比 ζ 越大，超调量越小，响应的平稳性越好。反之，阻尼比 ζ 减小，振荡越强，平稳性越差。当 $\zeta=0$ 时，系统具有频率为 ω_n 的等幅振荡。

(2) 过阻尼状态下,系统响应迟缓,过渡过程时间长,系统快速性差;ζ 过小,响应的起始速度快,但因振荡强烈,衰减缓慢,所以调节时间 t_s 越长,快速性越差。

(3) 当 $\zeta=0.707$ 时,系统的超调量 $\delta<5\%$,t_s 最短,即平稳性和快速性最佳,故称 $\zeta=0.707$ 为最佳阻尼比。

(4) 当阻尼比 ζ 不变时,ω_n 越大,调节时间 t_s 就越短,快速性越好。

(5) 系统的超调量 δ 和振荡次数 N 仅仅由阻尼比 ζ 决定,它们反映了系统的平稳性。

(6) 在工程实际中,二阶系统多数设计成欠阻尼情况,且 ζ 为 $0.4\sim0.8$。

因此,在实际系统中,往往需要综合全面考虑各方面的因素,然后再做出正确的抉择,即所谓的最佳设计。

例 3-1　二阶系统如图 3-12 所示,其中 $\zeta=0.6$,$\omega_n=5\text{rad/s}$。当 $r(t)=1(t)$ 时,求过渡过程特征量 t_r、t_p、t_s、δ 和 N 的数值。

解:当 $r(t)=1(t)$,系统响应为单位阶跃响应,所以可以直接应用二阶系统阶跃响应特征值的计算公式求取特征量。

(1) 上升时间 t_r

$$t_r=\frac{\pi-\varphi}{\omega_d}=\frac{\pi-\varphi}{\omega_n\sqrt{1-\zeta^2}},\varphi=\arctan\sqrt{1-\zeta^2}/\zeta$$

$$t_r=\frac{\pi-\operatorname{arctg}\dfrac{\sqrt{1-\zeta^2}}{\zeta}}{\omega_n\sqrt{1-\zeta^2}}=\frac{3.14-\operatorname{arctg}\dfrac{\sqrt{1-0.6^2}}{0.6}}{5\sqrt{1-0.6^2}}=\frac{3.14-0.93}{4}=0.55(\text{s})$$

(2) 峰值时间 t_p

$$t_p=\frac{\pi}{\omega_n\sqrt{1-\xi}}=\frac{3.14}{4}=0.785(\text{s})$$

(3) 最大超调量 δ_p

$$\delta_p==\text{e}^{-\frac{\zeta\pi}{\sqrt{1-\zeta^2}}}\times100\%=\text{e}^{-\frac{3.14\times0.6}{0.8}}\times100\%=9.5\%$$

(4) 调节时间 t_s

$$t_s\approx\frac{3}{\xi\omega_n}=1(\Delta=5\%)\quad t_s\approx\frac{4}{\xi\omega_n}=1.33(\Delta=2\%)$$

(5) 振荡次数 N

$$N=\frac{2\sqrt{1-\xi^2}}{\pi\xi}=\frac{2\times0.8}{3.14\times0.6}=0.8(\Delta=2\%)$$

$$N=\frac{1.5\sqrt{1-\xi^2}}{\pi\xi}=\frac{1.5\times0.8}{3.14\times0.6}=0.6(\Delta=2\%)$$

这里,振荡次数 $N<1$,说明过渡过程只存在一次超调现象。这是因为过渡过程在一个有阻尼振荡周期内便可结束。

例 3-2　控制系统如图 3-19 所示。

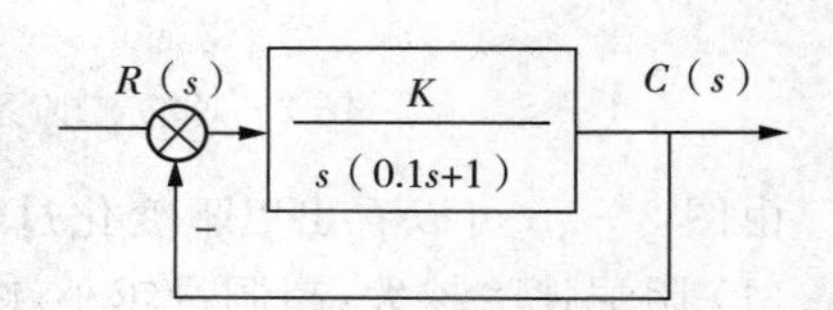

图 3-19　例 3-2 的控制系统结构图

(1) 开环增益 $K=10$ 时,求系统的动态性能指标；

(2) 确定使系统阻尼比 $\zeta=0.707$ 的 K 值。

解　(1)$G(s)=\dfrac{K}{s(0.1s+1)}$

当 $K=10$ 时，

$$\Phi(s)=\frac{G(s)}{1+G(s)}=\frac{100}{s^2+10s+100}=\frac{\omega_n^2}{s^2+2\zeta\omega_n+\omega_n^2}$$

$$\begin{cases}\omega_n=\sqrt{100}=10\\ \zeta=\dfrac{10}{2\times 10}=0.5\end{cases}$$

$$t_p=\frac{\pi}{\omega_n\sqrt{1-\zeta^2}}=\frac{\pi}{10\times\sqrt{1-0.5^2}}=0.363$$

$$\delta_p=e^{-\zeta\pi/\sqrt{1-\zeta^2}}\times 100\%=e^{-0.5\pi/\sqrt{1-0.5^2}}\times 100\%=16.3\%$$

$$t_s=\frac{3}{\zeta\omega_n}=\frac{3}{0.5\times 10}=0.6$$

(2)$\Phi(s)=\dfrac{10K}{s^2+10s+10K}$

$$\begin{cases}\omega_n=\sqrt{10K}\\ \zeta=\dfrac{10}{2\sqrt{10K}}\end{cases}$$

令 $\zeta=0.707$，得

$$K=\frac{100\times 2}{4\times 10}=5$$

3.4　二阶系统响应特性的改善

从前面典型二阶系统的响应特性分析可以知道，通过调整二阶系统的两个特征参数，阻尼比 ζ 和无阻尼振荡频率 ω_n，可以改善系统的动态性能。但是这种方法是有限的。有时作为受控的固有对象，其参数不可变更。有时调整系统参数也不能达到所希望的性能要求。因此还可以通过在回路中增加控制装置的方法，从而改变系统的结构，来实现所要求的动态性能。

为了改善二阶系统的动态性能，可以采用两种方法增加回路中的控制装置。一种方法是在前向通路中增加控制装置，另一种方法是在反馈通路中增加控制装置，结构图如图 3-20 所示。

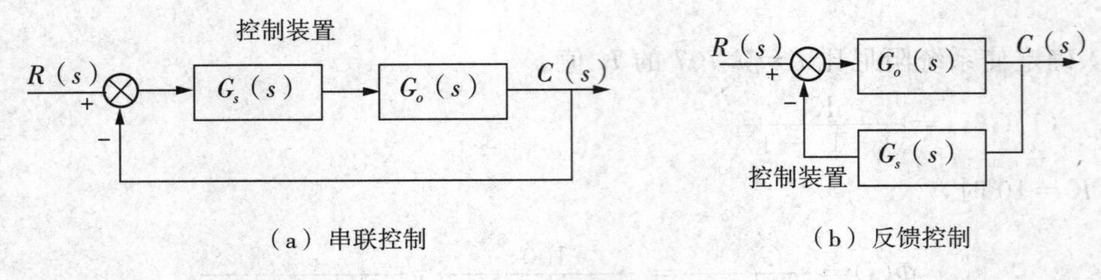

（a）串联控制　　（b）反馈控制

图 3-20　系统控制方法

在回路中增加控制装置，其目的是改变系统的回路特性，从而改变系统的闭环特征方程。这样，既可以影响到闭环传递函数中零点、极点的个数，也可以影响到特征根在 s 平面上的位置，使得系统的动态性能得到改善。

下面，以二阶系统为例，来说明上述方法的应用。

1. 误差信号的比例微分控制（PD 控制）

在原典型二阶系统的前向通路上增加误差信号的速度分量并联通路，如图 3-20 所示。在 PD 控制的结构图中，上通路为原误差信号通路，下通路为误差的速度分量通路，T_d 是微分时间常数。这样，受控对象的输入信号称为误差信号 $e(t)$ 和其倒数 $\dot{e}(t)$ 的线性组合。

系统的开环传递函数为

$$G_o(s)=\frac{\omega_n^2(1+T_d s)}{s(s+2\zeta\omega_n)} \tag{3-36}$$

闭环传递函数为

$$G_c(s)=\frac{G_o(s)}{1+G_o(s)}=\frac{\omega_n^2(1+T_d s)}{s^2+(2\zeta\omega_n+T_d\omega_n^2)s+\omega_n^2} \tag{3-37}$$

控制作用分析如下：

(1) 增加阻尼比，减少超调量，改善平稳性。

$G_c(s)$ 的分母多项式构成新的闭环特征方程为

$$s^2+(2\zeta\omega_n+T_d\omega_n^2)s+\omega_n^2=0 \tag{3-38}$$

原系统的无阻尼频率 ω_n 不变，由于

$$2\zeta\omega_n+T_d\omega_n^2=2\zeta_d\omega_n \tag{3-39}$$

式(3-39)中的 ζ_d 为等效阻尼比，其大小为

$$\zeta_d=\zeta+\frac{1}{2}T_d\omega_n \tag{3-40}$$

附加项 $\frac{1}{2}T_d\omega_n$ 使得原阻尼比增加，抑制了振荡。

(2) 增加了系统零点，由于微分作用，使系统响应稍有加速。由式，$G_c(s)$ 的分子多项式构成闭环系统的零点。零点值为

$$s=-\frac{1}{T_d} \tag{3-41}$$

则系统的响应中增加了微分附加项为

$$
\begin{aligned}
C(s)=G_c(s)R(s) &= \frac{\omega_n^2(1+T_d s)}{s^2+(2\zeta\omega_n^2+T_d\omega_n^2)s+\omega_n^2}\cdot\frac{1}{s} \\
&= \frac{\omega_n^2}{s^2+(2\zeta\omega_n^2+T_d\omega_n^2)s+\omega_n^2}\cdot\frac{1}{s}+\frac{\omega_n^2 T_d s}{s^2+(2\zeta\omega_n^2+T_d\omega_n^2)s+\omega_n^2}\cdot\frac{1}{s}
\end{aligned}
\tag{3-42}
$$

所以时间响应为

$$
c(t)=c_1(t)+c_2(t)=c_1(t)+T_d\cdot\frac{d}{\mathrm{d}t}[c_1(t)] \tag{3-43}
$$

其中的第二项为第一项的微分附加项，由于微分附加项的增加，使得响应上升的时间减小，明显起到了响应加速的作用。另外微分时间常数 T_d 会影响到微分附加项的幅值大小，造成原超调量 δ_p 有可能增加。所以要认真选择微分时间常数，使得既可以使系统加速，又不会使超调量变大。

2. 输出量的反馈控制

在原线性二阶系统的反馈通路上增加输出信号的速度分量反馈信号，如图 3-21 所示。

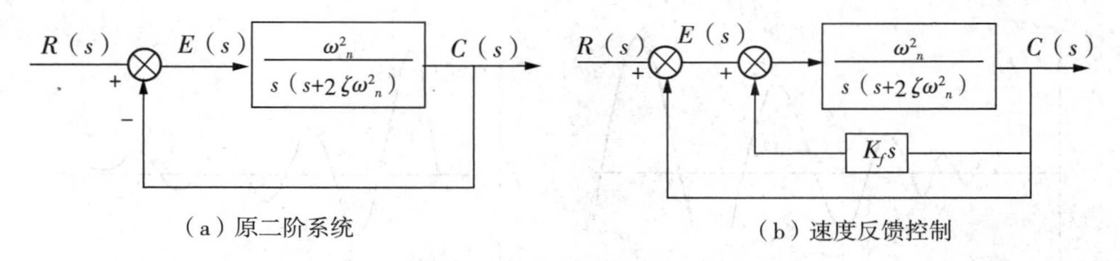

图 3-21　输出信号的速度反馈控制

系统的闭环传递函数为

$$
G_c(s)=\frac{G(s)}{1+G(s)H(s)}=\frac{\omega_n^2}{s^2+(2\zeta\omega_n+K_f\omega_n^2)s+\omega_n^2} \tag{3-44}
$$

闭环特征方程为

$$
s^2+(2\zeta\omega_n+K_f\omega_n^2)s+\omega_n^2=0 \tag{3-45}
$$

原系统的无阻尼频率 ω_n 不变。由于

$$
2\zeta\omega_n+K_f\omega_n^2=2\zeta_d\omega_n \tag{3-46}
$$

式(3-46) 中的 ζ_d 为等效阻尼比，其大小为

$$
\zeta_d=\zeta+\frac{1}{2}K_f\omega_n \tag{3-47}
$$

从式(3-47) 可见，附加项 $\frac{1}{2}K_f\omega_n$ 使得原阻尼比增加，增大阻尼比，减少超调量，但是没有附加零点的影响。

3.5 线性系统的稳定性分析

3.5.1 系统稳定性概念

研究任何自动控制系统,其首要的工作就是建立合理的数学模型。一旦建立了数学模型,就可以进行自动控制系统的分析和设计。对控制系统进行分析,就是分析控制系统能否满足对它所提出的性能指标要求,分析某些参数变化对系统性能的影响。工程上对系统性能进行分析的主要内容是稳定性分析、稳态性能分析和动态性能分析。其中,最重要的性能是稳定性,这是因为工程上所使用的控制系统必须是稳定的系统,不稳定的系统根本无法工作。

系统的稳定性是指自动控制系统在受到扰动作用使平衡状态破坏后,经过调节,能重新达到平衡状态的性能。当系统受到扰动后(如负载转矩的变化、电网电压的变化等)偏离了原来的平衡状态,若这种偏离不断扩大,即使扰动消失,系统也不能回到平衡状态,如图 3-22(a) 所示,这种系统就是不稳定的;若通过系统自身的调节作用,使偏差最后逐渐减小,系统又逐渐恢复到平衡状态,那么,这种系统便是稳定的,如图 3-22(b) 所示。

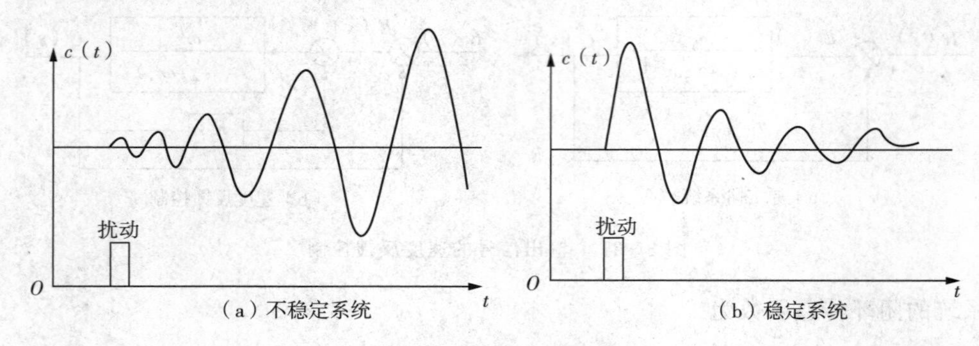

(a) 不稳定系统　　(b) 稳定系统

图 3-22　稳定系统与不稳定系统

系统的稳定性概念又分绝对稳定性和相对稳定性两种。系统的绝对稳定性是指系统稳定或不稳定的条件。即形成如图 3-22 所示状况的充要条件。系统的相对稳定性是指稳定系统的稳定程度。例如,图 3-23(a) 所示系统的相对稳定性就明显好于图 3-23(b) 所示的系统。下面先来分析自动控制系统的绝对稳定性 —— 系统稳定的充要条件。

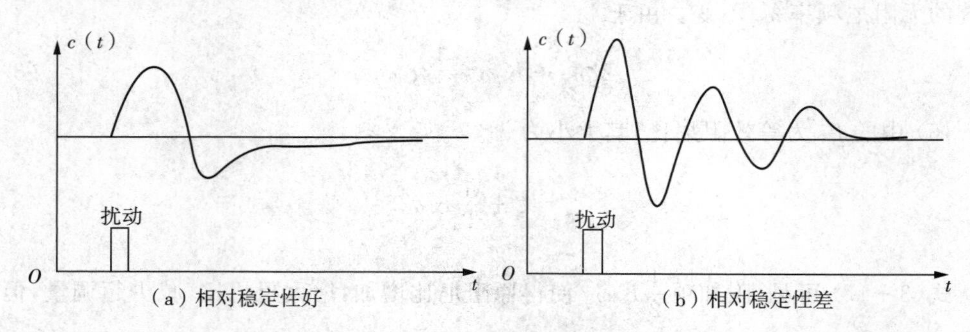

(a) 相对稳定性好　　(b) 相对稳定性差

图 3-23　自动控制系统的相对稳定性

3.5.2　线性系统稳定的充分必要条件

上述稳定性定义表明，线性系统的稳定性仅仅取决于系统自身的固有特性，而与外界条件无关。因此，设线性系统在初始条件为零时，作用一个理想单位脉冲 $\delta(t)$，这时系统的输出增量为脉冲 $k(t)$。这相当于系统在扰动信号作用下，输出信号偏离原平衡工作点的问题。若 $t \to \infty$ 时，脉冲响应

$$\lim_{t\to\infty} k(t) = 0 \tag{3-48}$$

即输出量增量收敛于原平衡工作点，线性系统是稳定的。

经过一系列的数学推导，得出了线性系统稳定性的充分必要条件：闭环系统特征方程式的所有根均具有负实部；或者说闭环传递函数的极点均在 s 的左半平面。

应该指出，由于我们所研究的系统实质上都是线性化的系统，对于稳定的线性系统而言，当输入信号为有界函数时，由于响应过程中的动态分量随时间的推移最终衰减至零，故系统的输出必为有界函数；对于不稳定的线性系统而言，在有界输入信号作用下，系统的输出信号将随时间的推移而发散，但也不意味着它会无限增大，实际控制系统的输出量只能增大到一定的程度，此后或者受到机械制动的限制，或者使系统遭到破坏，或者其运动状态进行非线性工作状态，产生大幅度的等幅振荡。

3.5.3　劳斯稳定判据

劳斯稳定判据是一种不用求解特征方程的根，而直接根据特征方程的系数判断控制系统是否稳定的间接方法。它不但能够提供线性定常系统稳定性的信息，而且还能指出在 s 平面虚轴上和右半平面特征根的个数。

劳斯稳定判据是基于方程的根与系数的关系而建立的。设 n 阶系统的特征方程为

$$\begin{aligned} D(s) &= a_0 s^n + a_1 s^{n-1} + a_2 s^{n-2} + \cdots + a_{n-1} s + a_n \\ &= a_0 (s - p_1)(s - p_2) \cdots (s - p_n) = 0 \end{aligned} \tag{3-49}$$

(1) 式(3-49)中，$a_0, a_1, \cdots, a_n$ 均不为零；

(2) 特征方程的各项系数的符号都相同。

定理：线性系统稳定的必要条件：特征方程各项系数为正，且不缺项。

为了利用特征多项式判断系统的稳定性，将式(3-49)的系数排成下面的行和列，即为劳斯阵列表，如表3-1所示。

表3-1　劳斯阵列表

s^n	a_0	a_2	a_4	a_6	$\cdots$
s^{n-1}	a_1	a_3	a_5	a_7	$\cdots$
s^{n-2}	b_1	b_2	b_3	b_4	$\cdots$
s^{n-3}	c_1	c_2	c_3	c_4	$\cdots$

（续表）

s^n	a_0	a_2	a_4	a_6	…
…	…	…			
s^2	f_1	f_2			
s^1	g_1				
s^0	h_1				

其中，系数按下列公式计算：

$$b_1=-\frac{\begin{vmatrix}a_0 & a_2\\ a_1 & a_3\end{vmatrix}}{a_1},b_2=-\frac{\begin{vmatrix}a_0 & a_4\\ a_1 & a_5\end{vmatrix}}{a_1},b_3=-\frac{\begin{vmatrix}a_0 & a_6\\ a_1 & a_7\end{vmatrix}}{a_1},\cdots$$

$$c_1=-\frac{\begin{vmatrix}a_1 & a_3\\ b_1 & b_2\end{vmatrix}}{b_1},b_1=-\frac{\begin{vmatrix}a_1 & a_5\\ b_1 & b_3\end{vmatrix}}{b_1},b_1=-\frac{\begin{vmatrix}a_1 & a_7\\ b_1 & b_4\end{vmatrix}}{b_1},\cdots$$

这种过程一直进行到第 $n+1$ 行算完为止。

劳斯稳定判据就是利用劳斯阵列来判断系统稳定性的。劳斯稳定判据给出了控制系统稳定的充分条件：劳斯阵列表中第一列所有元素均大于零，并且特征方程式中实部为正的特征根的个数等于劳斯阵列表中第一列的元素符号改变的次数。

例 3－3　系统闭环特征方程为

$$2s^4+2s^3+8s^2+3s+2=0$$

试应用劳斯稳定判据判断系统的稳定性。

解：各项系数均大于零，满足稳定的必要条件。列劳斯阵列表如表 3－2 所示。

表 3－2　例 3－3 的劳斯阵列表

s^4	2	8	2
s^3	2	3	
s^2	5	2	
s^1	11/5	0	
s^0	2		

劳斯阵列表第 1 列元素都为正号，系统稳定。

例 3－4　系统闭环特征方程为

$$s^5+3s^4+2s^3+s^2+5s+6=0$$

试应用劳斯稳定判据判断系统的稳定性。

解:各项系数均大于零,满足稳定的必要条件。列劳斯阵列表如表 3-3 所示。

表 3-3　例 3-4 的劳斯阵列表

s^5	1	2	5
s^4	3	1	6
s^3	5/3	3	
s^2	$-22/5$	6	
s^1	58/11	0	
s^0	6		

劳斯阵列表第 1 列元素符号改变两次,因为系统不稳定,并且有两个特征根在右半 s 平面。

例 3-5　已知单位负反馈控制系统的开环传递函数为

$$G(s)=\frac{K}{s(s^2+s+1)(s+2)}$$

试确定能使系统稳定的 K 的取值范围。

解:系统的闭环传递函数为

$$\Phi(s)=\frac{K}{s(s^2+s+1)(s+2)+K}$$

以上系统的特征方程为

$$s^4+3s^2+3s^2+2s+K=0$$

欲满足稳定的必要条件,必须使 $K>0$,列劳斯阵列表如表 3-4 所示。

表 3-4　例 3-5 的劳斯阵列表

s^4	1	3	K
s^3	3	2	0
s^2	7/3	K	
s^1	$2-9K/7$	0	
s^0	2		

要满足稳定的充分条件,必须使

$$\begin{cases}K>0\\2-\dfrac{9}{7}K>0\end{cases}$$

由此,欲使系统稳定,求得 K 的取值范围是 $0<K<14/9$。

当 $K=14/9$ 时，系统处于临界稳定状态，出现等幅振荡。

3.5.4 劳斯稳定判据的特殊情况

在使用劳斯稳定判据分析系统的稳定性时，可能遇到下列两种特殊情况。

(1) 劳斯阵列表中某一行的第一个元素为零，而该行其他元素并不全为零，则在计算机下一行第一个元素时，该元素必将趋于无穷大，以致劳斯阵列表的计算无法进行。

(2) 劳斯阵列表中某一行的元素全为零。

以上情况表明，系统在 s 平面内存在正根，或存在两个大小相等、符号相反的实根，或存在两个共轭虚根，系统处在不稳定状态或临界稳定状态。

对于第一种情况，可以用一个很小的正数 ε 代替为零的元素，然后继续进行计算，完成劳斯阵列表。

例如，系统的特征方程为

$$s^4+2s^3+3s^2+6s+1=0$$

其劳斯阵列表如表 3-5 所示。

表 3-5 劳斯阵列表

s^1	1	3	1
s^2	2	6	
s^3	$0\to\varepsilon$	1	
s^4	$(6\varepsilon-2)/\varepsilon\to-\infty$		
s^0	1		

因为劳斯阵列表的第一列元素改变符号两次，所以系统不稳定，且有两个具有正实部的特征根。

对于第二种情况，先用全零行的上一行元素构成一个辅助方程，它的次数总是偶数，表示特征方程的根中出现数值相同，符号不同的根的数目。再对上述辅助方程求导，用求导后的方程系数代替全零行的元素，继续完成劳斯阵列表。

例如，系统特征方程为

$$s^3+10s^2+16s+160=0$$

其劳斯阵列表如表 3-6 所示。

表 3-6 劳斯阵列表

s^3	1	16	
s^2	10	160	辅助多项式
s^1	0	0	$P(s)=10s^2+160$
s^1	20	0	
s^0	160		

劳斯阵列表中第一列元素符号没有改变，系统没有 s 右半平面的根，但由 $P(s)=0$ 即

$$s^3+10s^2+16s+160=0$$

求得

$$s_{1,2}=\pm 4j$$

即系统有一对共轭虚根，系统处于临界稳定状态。从工程的角度来说，临界稳定属于不稳定系统。

3.5.5　相对稳定性和稳定裕度

劳斯稳定判据可以判定系统是否稳定，即判定系统的绝对稳定性。如果一个系统负实数的特征根非常靠近虚轴，则尽管系统满足稳定条件，但动态过程将具有过大的超调量或者过于缓慢的响应，甚至系统内部参数的变化，会使特征根转移到 s 平面的右半平面上，导致系统不稳定。为此，需研究系统的相对稳定性，即系统的特征根在 s 平面的左半平面且与虚轴有一定距离的情况。

为了能应用前面的代数判据，通常将 s 平面的虚轴左移一个距离 δ，得到新的复平面 s_1，即令 $s_1=s+\delta$ 或 $s=s_1-\delta$，代入特征方程 $D(s)=0$，得到以 s_1 位变量的新特征方程 $\overline{D}(s_1)=0$，再利用代数判据判别新的特征方程的稳定性。若新特征方程的所有根均在 s_1 左半平面上，则说明原系统不稳定，而且所有特征根均位于 $-\delta$ 的左侧，δ 称为系统的稳定裕度。

例 3-6　检验特征方程

$$D(s)=2s^3+10s^2+13s+4=0$$

是否有根在 s 右半平面以及有几个根在 $s=-1$ 垂线的右边。

解：由特征方程 $D(s)=0$ 列劳斯表如表 3-7 所示。由劳斯判据知系统稳定，所有特征根均在 s 平面的左半面。

表 3-7　例 3-6 的劳斯阵列表 1

s^3	2	13
s^2	10	4
s^1	12.2	
s^0	4	

令 $s=s_1-1$ 代入 $D(s)=0$ 得到 s_1 关于的特征方程式为

$$\overline{D}(s_1)=2s_1^3+4s_1^2-s_1-1=0$$

由 $\overline{D}(s_1)=0$ 列出劳斯列表如表 3-8 所示：

表 3-8　例 3-6 的劳斯阵列表 2

s_1^3	2	-1
s_1^2	4	-1
s_1^2	-0.5	
s_1^0	-1	

劳斯阵列表中第一列元素符号改变了一次，表示系统有一个根在 s_1 右半平面，也就是有一个根在 $s=-1$ 垂线的右边（虚轴的左边），系统的稳定裕量不到 1。

3.6　系统的稳态误差

一个稳定的系统在典型的外部作用下经过一段时间后会进入稳态，控制系统的稳态精度是其重要的性能指标。稳态误差必须在允许的范围之内，控制系统才有使用价值。例如，工业加热炉的炉温误差若超过其允许的限度，就会影响加工产品的质量。又如造纸厂中卷绕纸张的恒张力系统，要求纸张在卷绕过程中张力的误差保持在一定允许的范围之内。若张力过小，就会出现松滚现象，而张力过大，又会出现纸张断裂。

控制系统的稳态误差是描述系统稳态性能的指标，它表达了系统实际输出值和期望输出值之间的最终偏差。对于稳定的系统，暂态响应随时间的推移而衰减，若时间趋于无穷时，系统的输出量不等于输入量或者输入量确定的函数，则系统存在稳态误差。稳态误差是系统控制精度或抗扰动能力的一种度量。而系统的稳定性只取决于系统的结构参数，与系统的输入信号及初始状态无关。但是系统的稳态误差既与系统的结构参数有关，又与系统的输入信号密切相关。实际的控制系统由于本身结构输入信号的不同，其稳态输出量不可能与输入量一致，也不可能在任何扰动作用下都能准确地恢复到原有的平衡点。此外，系统存在摩擦、间隙和不灵敏区等非线性因素，会造成附加的稳态误差。因此，设计控制时应尽可能减小稳态误差。

当稳态误差小到可以忽略不计时，可以认为系统的稳态误差为零，这种系统称为无差系统，而稳态误差不为零的系统称为有差系统。只有当系统稳定时，才可以分析系统的稳态误差。

3.6.1　误差及稳态误差的基本概念

1. 误差的定义

控制系统的方框图如图 3-24 所示。图 3-24 中所示 $c(t)$ 是被控量的实际值，用 $c_r(t)$ 表示系统被控量的希望值。定义被控量的希望值与实际值之差为控制系统的误差，记为 $e(t)$，即

$$e(t)=c(t)-c_r(t) \tag{3-50}$$

对于图 3-24 所示的反馈控制系统，常用的误差定义有两种。

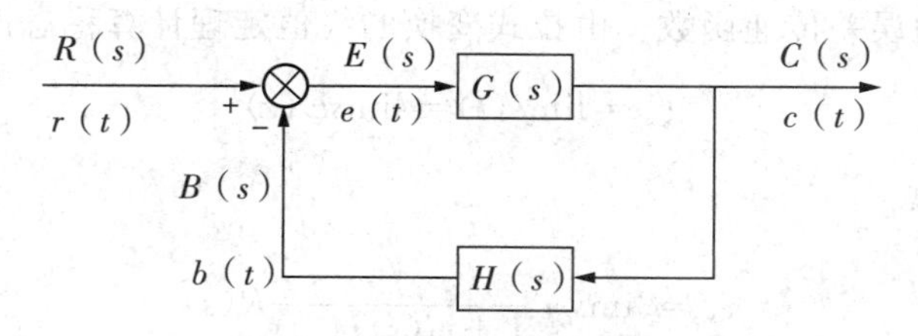

图 3－24　控制系统方框图

(1) 输入端定义

把系统的输入信号 $r(t)$ 作为被控量的希望馈信号，$b(t)$（通常是被控量的测量值）作为被控量的实际值，定义误差为

$$e(t)=r(t)-b(t) \tag{3-51}$$

此定义下的误差在实际系统中是可以测量的，且具有一定的物理含义。通常该误差信号也称为控制系统的偏差信号。

(2) 输出端定义

设被控量的希望值为 $c_r(t)$，被控制量的实际为 $c(t)$，定义误差为

$$e'(t)=c_r(t)-c(t) \tag{3-52}$$

此定义在性能指标中经常使用，但实际应用中有时无法测量。

当反馈为单位反馈时，即 $H(s)=1$ 时，上述两种定义可统一为

$$e(t)=e'(t)=r(t)-b(t) \tag{3-53}$$

2. 稳态误差的定义

误差响应 $e(t)$ 与系统的输入响应 $c(t)$ 一样，也包含暂态分量和稳态分量两部分。对于一个稳定系统，暂态分量随着时间的推移逐渐消失，而我们主要关心的是控制系统平稳以后的误差，即系统误差响应的稳态分量 —— 稳态误差，记为 e_{ss}。

定义稳态误差为稳定系统误差响应 $e(t)$ 的终值。当时间 t 趋于无穷时的极限存在，则稳态误差为

$$e_{ss}=\lim_{t\to\infty}e(t) \tag{3-54}$$

3. 系统的稳态误差分析

根据误差和稳态误差的定义，图 3－24 所示系统误差 $e(t)$ 的像函数为

$$E(s)=R(s)-B(s)=R(s)-G(s)H(s)E(s) \tag{3-55}$$

$$E(s)=\frac{1}{1+G(s)H(s)}R(s) \tag{3-56}$$

定义

$$\Phi_{er}(s)=\frac{E(s)}{R(s)}=\frac{1}{1+G(s)H(s)} \tag{3-57}$$

为系统对输入信号的误差传递函数。由拉式变换的终值定理计算稳态误差，则

$$e_{ss}=\lim_{t\to\infty}e(t)=\lim_{s\to 0}sE(s) \tag{3-58}$$

代入 $E(s)$ 表达式，得

$$e_{ss}=\lim_{s\to\infty}s\cdot\frac{1}{1+G(s)H(s)}R(s) \tag{3-59}$$

从式可以得出两点结论：

(1) 稳态误差与系统输入信号 $r(t)$ 的形式有关；

(2) 稳态误差与系统的结构及参数有关。

例 3-7 设单位反馈控制系统方框图 3-25 所示，当输入信号 $r(t)=4t$ 时，求系统的稳态误差 e_{ss}。

解：系统只有在稳定的条件下计算稳态误差才有意义，所以应先判别系统的稳定性。

系统的特征方程为

$$D(s)=4s^3+5s^2+s+K=0$$

列劳斯阵列表如表 3-9 所示。

表 3-9 例 3-7 的劳斯阵列表

s^3	4	1
s^2	5	K
s^1	$(5-4K)/5$	
s^0	K	

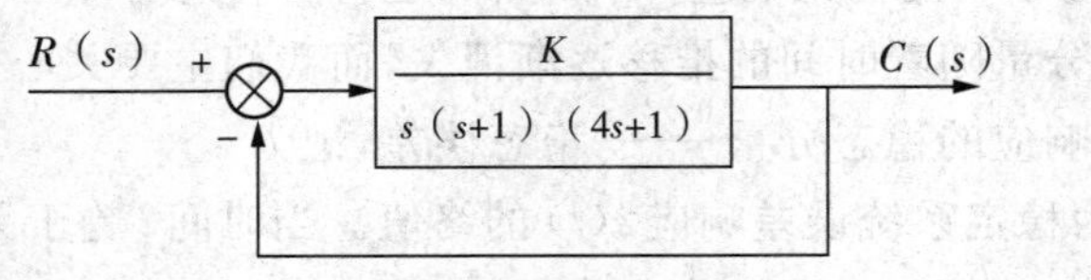

图 3-25 单位反馈控制系统方框图

由劳斯判据知，系统稳定条件为 $0<K<5/4$。系统的误差函数为

$$E(s)=\frac{1}{1+G(s)H(s)}R(s)=\frac{s(s+1)(4s+1)}{4s^3+5s^2+s+K}\cdot\frac{4}{s^2}$$

由终值定理求得稳态误差为

$$e_{ss}=\lim_{s\to\infty}s\cdot\frac{s(s+1)(4s+1)}{4s^3+5s^2+s+K}\cdot\frac{4}{s^2}=\frac{4}{K}$$

计算表明，稳定误差的大小与系统的放大倍数 K 有关。即 K 越大，稳定误差 e_{ss} 越小。要减小稳态误差则应增大倍数 K，而稳定性分析却得出，使系统稳定的 K 只应小于 5/4，表明系统的稳态精度和稳态性对放大倍数的要求常常是矛盾的。

3.6.2　系统稳态误差的计算

由 3.7.1 小结的分析可知，系统的稳态误差不仅与输入信号 $r(t)$ 的形式有关，而且与系统的开环传递函数 $G(s)H(s)$ 有关。

1. 系统的型别

一般情况下，分子阶次为 m、分母阶次为 n 的系统开环传递函数 $G(s)H(s)$ 可表示为

$$G(s)H(s)=\frac{K(\tau_1 s+1)(\tau_2 s+1)\cdots(\tau_m s+1)}{s^v(T_1 s+1)(T_2 s+1)\cdots(T_n s+1)}=\frac{K\prod_{i=1}^{m}(\tau_i s+1)}{s^v\prod_{j=1}^{n-v}(T_j+1)} \tag{3-60}$$

式(3-60) 中，K 为开环增益(开环放大倍数)；τ_i 和 T_i 为时间常数；v 为积分环节。

系统常按开环传递函数中所含有的积分环节个数 v 来分类。把 $v=0,1,2\cdots$，的系统分别称为 0 型系统、1 型系统、2 型系统等。开环传递函数中的其他零、极点对系统的型别没有影响。

这种分类方法的优点在于：可以根据已知的输入信号形式，直接判断系统是否存在原理性稳态误差，并估算稳态误差的大小。阶次 m 和 n 的大小与系统的类别无关，且不影响稳态误差的数值。

令

$$G_0(s)H_0(s)=\prod_{i=1}^{m}(\tau_i s+1)/\prod_{j=1}^{n-v}(T_j s+1) \tag{3-61}$$

则当 $s\to 0$ 时，$G_0(s)H_0(s)\to 1$。

$$G(s)H(s)=\frac{K}{s^v}G_0(s)H_0(s)=\frac{K}{s^v} \tag{3-62}$$

系统稳态误差计算通式则可表示为

$$e_{ss}=\lim_{s\to 0}\frac{sR(s)}{1+G(s)H(s)}=\frac{\lim\limits_{s\to 0}s^{v+1}R(s)}{K+\lim\limits_{s\to 0}s^v} \tag{3-63}$$

由式(3-63) 可知，系统稳态误差与系统型别、开环增益 K 以及输入信号 $R(s)$ 的形式和幅值有关。

3.6.3　给定信号作用下的稳态误差

由于实际输入多为阶跃输入、斜坡输入和加速度输入，或者它们的组合，因此下面分析和计算几种典型输入信号作用下系统的稳态误差。

1. 阶跃输入信号作用下系统的稳态误差

设系统输入信号为阶跃信号 $r(t)=R\cdot 1(t)(t\geqslant 0)$，经拉式变换得 $R(s)=\frac{R}{s}$，代入得

$$e_{ss}=\frac{R}{1+\lim\limits_{s\to\infty}G(s)H(s)}=\frac{R}{1+K_p} \tag{3-64}$$

其中，定义 $K_p=\lim\limits_{s\to\infty}G(s)H(s)$ 为系统位置误差系数。

(1) 当 $v=0$ 时，$K_p=\lim\limits_{s\to\infty}\dfrac{K\prod\limits_{i=1}^{m}(\tau_i s+1)}{\prod\limits_{j=1}^{n}(T_j s+1)}=K, e_{ss}=\dfrac{R}{1+K}$；

(2) 当 $v\geqslant 1$ 时，$K_p=\lim\limits_{s\to\infty}\dfrac{K\prod\limits_{i=1}^{m}(\tau_i s+1)}{\prod\limits_{j=1}^{n-v}(T_j s+1)}=+\infty, e_{ss}=0$。

由上面分析可知，由于0型系统里面不包含积分环节，因此对阶跃信号的输入存在一定稳态误差。稳态误差的大小与开环放大系数近似成反比，K 越大，稳定误差 e_{ss} 越小。如果要求对于阶跃输入信号作用下不存在稳态误差，则必须选用1型及1型以上的系统。习惯上，阶跃输入信号作用下的稳态误差称为静差。因而，0型系统可称为有(静)差系统或零阶无差度系统，1型系统可称为一阶无差度系统，2型系统可称为二阶无差度系统，依次类推。

2. 斜坡输入信号作用下系统的稳态误差

设系统输入为斜坡信号 $r(t)=R\cdot t(t\geqslant 0)$，经拉式变换得 $R(s)=R/s^2$，得

$$e_{ss}=\frac{R}{\lim\limits_{s\to 0}sG(s)H(s)}=\frac{R}{K_v} \tag{3-65}$$

其中，$K_v=\lim\limits_{s\to 0}sG(s)H(s)$ 为静态速度误差系数。

(1) 当 $v=0$ 时，$K_v=\lim\limits_{s\to 0}sG(s)H(s)=\lim\limits_{s\to 0}s\dfrac{K\prod\limits_{i=1}^{m}(\tau_i s+1)}{\prod\limits_{j=1}^{n}(T_j s+1)}=0, e_{ss}=+\infty$；

(2) 当 $v=1$ 时，$K_v=\lim\limits_{s\to 0}s\dfrac{K\prod\limits_{i=1}^{m}(\tau_i s+1)}{s\prod\limits_{j=1}^{n}(T_j s+1)}=K, e_{ss}=\dfrac{R}{K}$；

(3) 当 $v\geqslant 2$ 时，$K_v=\lim\limits_{s\to 0}s\dfrac{K\prod\limits_{i=1}^{m}(\tau_i s+1)}{s^v\prod\limits_{j=1}^{n-v}(T_j s+1)}=+\infty, e_{ss}=0$。

速度误差是系统在速度(斜坡)输入作用下，系统稳态输出与输入之间存在位置上的误差。以上表明：0型系统不能跟踪斜坡输入；对于1型单位反馈系统，稳态输出的速度恰好与输入速度相同，但存在一个稳态位置误差，其数值与输入信号的斜率 R 成正比，与开环增益 K 成反比；对于2型及2型以上的系统，稳态时能准确跟踪斜坡输入信号，不存在位置误差。

3. 加速度输入作用下系统的稳态误差

设系统输入为加速度信号 $r(t)=R/s^2$，代入式，得到系统在加速度信号作用下的稳态误差

$$e_{ss}=\frac{R}{\lim\limits_{s\to 0}s^2G(s)H(s)}=\frac{R}{K_a} \tag{3-66}$$

其中，$K_a=\lim\limits_{s\to 0}s^2G(s)H(s)$ 位静态加速度误差系数。

(1) 当 $v=0,1$ 时，$K_a=\lim\limits_{s\to 0}s^2G(s)H(s)=\lim\limits_{s\to 0}s^2\frac{K\prod\limits_{i=1}^{m}(\tau_i s+1)}{s^v\prod\limits_{j=1}^{n-v}(T_j s+1)}=0, e_{ss}=+\infty$；

(2) 当 $v=2$ 时，$K_a=\lim\limits_{s\to 0}s^2\frac{K\prod\limits_{i=1}^{m}(\tau_i s+1)}{s^2\prod\limits_{j=1}^{n-2}(T_j s+1)}=K, e_{ss}=\frac{R}{K}$；

(3) 当 $v\geqslant 3$ 时，$K_a=\lim\limits_{s\to 0}s^2\frac{K\prod\limits_{i=1}^{m}(\tau_i s+1)}{s^v\prod\limits_{j=1}^{n-v}(T_j s+1)}=+\infty, e_{ss}=0$。

所以当输入是加速度信号时，0 型系统和 1 型系统都不能满足要求，2 型系统能正常工作。但要有足够大的开环放大倍数 K。只有 3 型和 3 型以上的系统，当单位反馈时，系统输出才能跟随输入，稳态误差为 0。表 3-10 概括了在不同输入信号作用下系统的稳态误差。需要指出的是，当前向通道中积分环节增加时，会降低系统的稳定性。

表 3-10　典型输入下各型系统的稳态误差

输入形式	稳态误差		
	0 型系统	1 型系统	2 型系统
单位阶跃	$\frac{1}{1+K_p}$	0	0
单位斜坡	∞	$\frac{1}{K_v}$	0
单位加速度	∞	∞	$\frac{1}{K_a}$

误差系数 K_p、K_v、K_a 反映了系统消除稳态误差的能力，系统的型别越高，消除稳态误差的能力越强，但型别的增大却使系统的稳定性变差。

例 3-8　单位反馈系统结构图如图 3-26 所示，求当输入信号 $r(t)=2t+t^2$ 时，系统的稳态误差 e_{ss}。

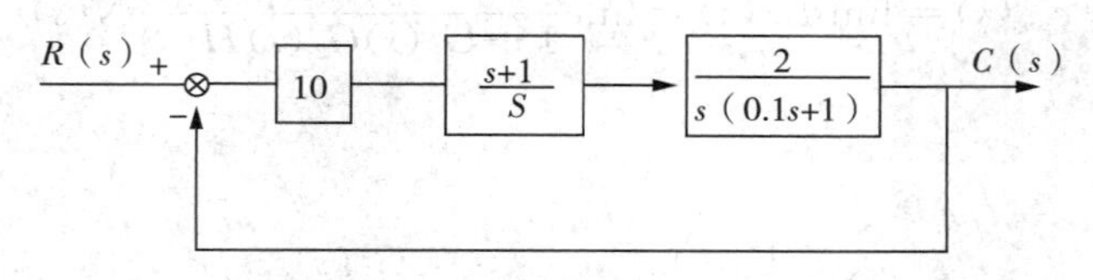

图 3-26　单位反馈控制系统方框图

解：系统的开环传递函数为

$$G(s)H(s)=\frac{20(s+1)}{s^2(0.1s+1)}$$

(1) 判断系统的稳定性。由开环传递函数知,闭环特征方程为

$$D(s)=0.1s^3+s^2+20s+20=0$$

根据劳斯判据知闭环系统稳定。

(2) 求稳态误差 e_{ss},因为系统为 2 型系统,根据线性系统的齐次性和叠加性,有

$$r_1(t)=2t \text{ 时},K_v=\infty,e_{ss1}=\frac{2}{K_v}=0$$

$$r_1(t)=t^2 \text{ 时},K_a=20,e_{ss2}=\frac{2}{K_a}=0.1$$

故系统的稳态误差 $e_{ss}=e_{ss1}+e_{ss2}=0.1$。

4. 扰动信号作用下的稳态误差

一般系统的输入除给定信号 $r(t)$ 外,还有扰动信号 $n(t)$ 同时作用于系统,如图 3-27 所示。如果系统为线性系统,则响应具有叠加性,给定输入和扰动产生的误差可分别计算,其中给定输入产生的误差如前所述。

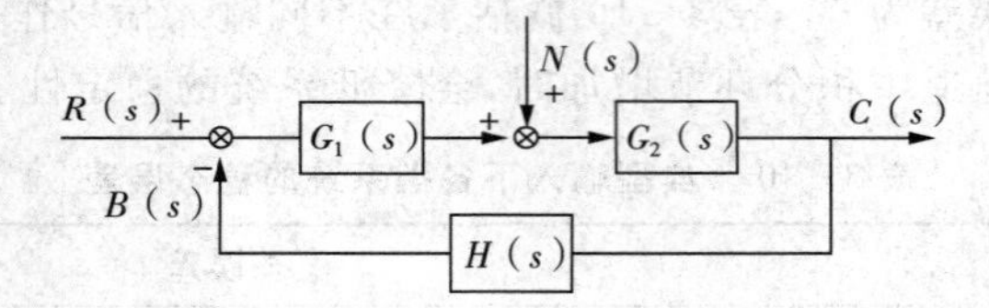

图 3-27 控制系统结构图

在扰动信号单独作用下,误差 $e_{ssn}(t)=-b(t)$,则

$$E_n(s)=-B(s)=-H(s)C(s)=-H(s)\frac{G_2(s)}{1+G_1(s)G_2(s)H(s)}N(s)$$

$$=-\frac{G_2(s)H(s)}{1+G_1(s)G_2(s)H(s)}N(s) \tag{3-67}$$

稳态误差为

$$e_{ssn}(s)=\lim_{s\to 0}sE_n(s)=\lim_{s\to 0}\frac{-G_2(s)H(s)}{1+G_1(s)G_2(s)H(s)}N(s) \tag{3-68}$$

定义

$$\Phi_{en}(s)=\frac{E_n(s)}{N(s)}=-\frac{G_2(s)}{1+G_1(s)G_2(s)H(s)} \tag{3-69}$$

为系统对扰动的误差传递函数。若 $\lim\limits_{s\to 0}G_1(s)G_2(s)H(s)\geqslant 1$,则式可近似为

$$e_{ssn}(s)=\lim_{s\to 0}\frac{-G_2(s)H(s)}{1+G_1(s)G_2(s)H(s)}N(s)\approx\lim_{s\to\infty}s\frac{-1}{G_1(s)}N(s) \tag{3-70}$$

由式可知,干扰信号作用下产生的稳态误差 e_{ssn} 除了与干扰信号的形式有关,还与干扰作用点之前(干扰点与误差点之间)的传递函数的结构和参数有关,但与干扰作用点之后的传递函数无关。

5. 控制系统的稳态误差

由叠加原理可知,控制系统在给定信号 $r(t)$ 和扰动信号 $n(t)$ 同时作用下的稳态误差 e_{ss} 为两者分别作用下的稳态误差的叠加,即

$$e_{ss}=e_{ssr}+e_{ssn}=\lim_{s\to\infty}sE_r(s)+\lim_{s\to\infty}sE_n(s)=\lim_{s\to\infty}s[\Phi_{er}R(s)+\Phi_{en}(s)N(s)] \tag{3-70}$$

例 3-9　设系统结构图中,已知 $G_1(s)=K_1$, $G_2(s)=\dfrac{K_2}{s(Ts+1)}$, $H(s)=1$,试求 $r(t)=t\cdot 1(t)$, $n(t)=1(t)$ 时系统的稳态误差 e_{ss}。

解:系统为 1 型系统,由前所述,其静态误差系数为

$$K_v=K_1K_2$$

输入为单位斜坡函数,其对应的稳态误差为

$$e_{ssr}=\frac{1}{K_v}=\frac{1}{K_1K_2}$$

扰动的拉式变换为 $N(s)=1/s$,将其代入式,得到扰动产生的稳态误差为

$$e_{ssn}(s)=\lim_{s\to 0}\frac{-G_2(s)H(s)}{1+G_1(s)G_2(s)H(s)}N(s)=-\frac{K_2}{1+K_1K_2}$$

当 $K_1K_2\geqslant 1$ 时,上式可以简化为

$$e_{ssn}(s)=-\frac{1}{K_1}$$

故系统的稳态误差为

$$e_{ss}=e_{ssr}+e_{ssn}=\frac{1}{K_1K_2}-\frac{1}{K_1}$$

比较和分析上面的例子,可以得出如下结论。

(1) 扰动作用点之前的增益 K_1 越大,扰动作用下的稳态误差就越小,与扰动作用点之后的增益 K_2 无关。

(2) 扰动作用下的稳态误差与扰动作用点之后的积分环节无关,而与误差信号到扰动作用点之前的前向通道中的积分环节有关。要消除静态误差,应在误差信号到扰动点之间的

前向通道中增加积分环节。

3.6.4 改善系统稳态精度的途径

1. 增大系统开环增益或扰动作用点之前系统的前向通道增益

增大系统开环增益 K 以后，对于 0 型系统，可以减小系统在阶跃输入时的位置误差；对于 1 型系统，可以减小系统在斜坡输入时的速度误差；对于 2 型系统，可以减小系统在加速度输入时的加速度误差。增大扰动作用点之前的比例控制器增益 K_1，可以减少系统对阶跃扰动作用下的稳态误差。系统在阶跃扰动作用下的稳态误差与 K_2 无关，因此，增加扰动点之后的前向通道增益，不能改变系统对扰动的稳态误差的数值。

2. 在系统的前向通道或主反馈通道设置串联积分环节

在反馈控制系统中，设置串联积分环节或增大开环增益以消除或减小稳态误差的措施，必然导致降低系统的稳定性，甚至造成系统不稳定，从而恶化系统的动态性能。因此权衡系统稳定性、稳态误差和动态性能之间的关系，已经成为系统校正设计的主要内容。

3. 采用串级控制抑制内回路扰动

当控制系统中存在多个扰动信号，且控制精度要求较高时，宜采用串级控制方式，可显著抑制内回路的扰动影响。

串级控制系统在结构上比单回路控制系统多了一个副回路，因而对进入副回路的二次扰动有很强的抑制能力。设一般的串级控制系统结构如图 3－28 所示。图中，$G_{c1}(s)$ 和 $G_{c2}(s)$ 分别为主、副控制器的传递函数；$H_1(s)$ 和 $H_2(s)$ 为主、副测量变送器的传递函数；$N_2(s)$ 为加在副回路的二次扰动。

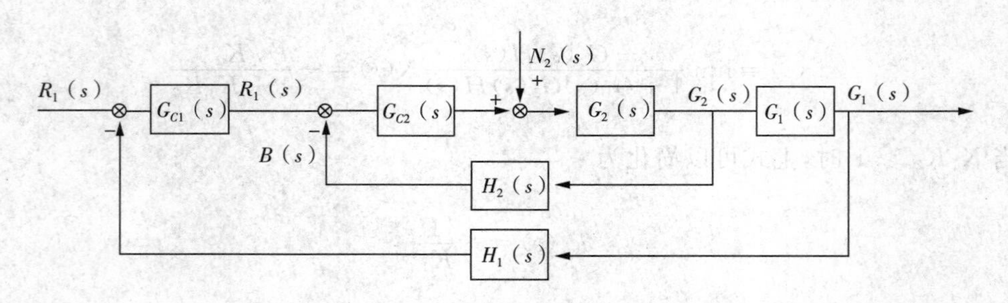

图 3－28　串级控制系统结构图

实践证明，与单回路控制系统相比，串级控制系统对二次扰动的抑制能力有很大的提高，一般可达 10 ～ 100 倍。

4. 采用复合控制方法

如果控制系统中存在强扰动，特别是低频强扰动，则一般的反馈控制方式难以满足高稳态精度的要求，此时可以采用复合控制方式。

复合控制系统是在系统的反馈控制回路中加入前馈通路，组成一个前馈控制与反馈控制相结合的系统，只要系统参数选择合适，不但可以保持系统稳定，极大地减小乃至消除稳态误差，而且可以抑制几乎所有的可量测扰动，其中包括低频强扰动。

本章小结

本章通过系统的时域响应分析了系统的稳定性及其稳态误差等问题。

(1) 时域分析法中的典型输入信号有阶跃函数、斜坡函数和抛物线函数等。正弦输入信号常用于频域分析法中。

(2) 动态过程又称为过渡过程或瞬态过程，是指系统在典型输入信号作用下，输出量从初始状态到最终状态的响应过程。稳态过程是指系统在典型输入信号作用下，当时间 t 趋于无穷时，输出量的表现形式。

(3) 描述稳定的控制系统在单位阶跃函数作用下，动态过程随时间 t 的变化情况的指标，称为动态性能指标。

(4) 一阶系统和二阶系统是时域分析法重点分析的两类系统。响应是由一些一阶惯性环节和二阶振荡环节的响应函数叠加组成的，某些高阶系统通过合理的简化 K 可以用低阶系统近似。

(5) 系统的稳定性是指系统在受到扰动作用使平衡状态破坏后，经过调节，能重新达到平衡状态的性能。系统稳定的充要条件是：系统微分方程的特征方程的所有的根的实部都必须是负数，亦即所有的根都在复平面的左侧。系统的稳定性只决定于系统的结构参数系统的稳定性可用劳斯稳定性判据来判别。

(6) 误差等于给定信号与主反馈信号之间的差，用 $e(t)$ 表示。除了首先要保证系统能稳定运行外，其次就是要求系统的稳态误差小于规定的允许值。稳态误差分为由给定信号引起的误差和由扰动信号引起的误差两种。系统的稳态误差与传递函数结构参数和外作用信号形式有关。系统的型别越高，系统的稳态精度越高。

习　题

3-1　设温度计需要在 1min 内指示出响应值的 98%，并且假设温度计为一阶系统，求时间常数 T。如果将温度计放在澡盆内，澡盆的温度以 10℃/min 的速度线性变化。求温度计的误差。

3-2　设系统的闭环传递函数 $\Phi(s)=1/(Ts+1)$，当输入单位阶跃信号时，经 15s 系统响应达到稳态值 98%，试确定系统的时间常数 T 及开环传递函数 $G(s)$。

3-3　已知系统的开环传递函数 $G(s)=4/[s(s+1)]$，系统为单位反馈系统，求系统的单位阶跃响应。

3-4　设单位反馈系统的开环传递函数 $G(s)=1/[s(s+1)]$，试求系统的单位阶跃响应及上升时间、超调量、调整时间。

3-5　已经系统的单位阶跃响应为 $c(t)=1-1.8e^{-4t}+0.8e^{-9t}$，求

(1) 系统的闭环传递函数；

(2) 系统的阻尼比和无阻尼自然振荡频率。

3-6　已知单位负反馈二阶系统的单位阶跃响应曲线如图 3-29 所示。试确定系统的传递函数。

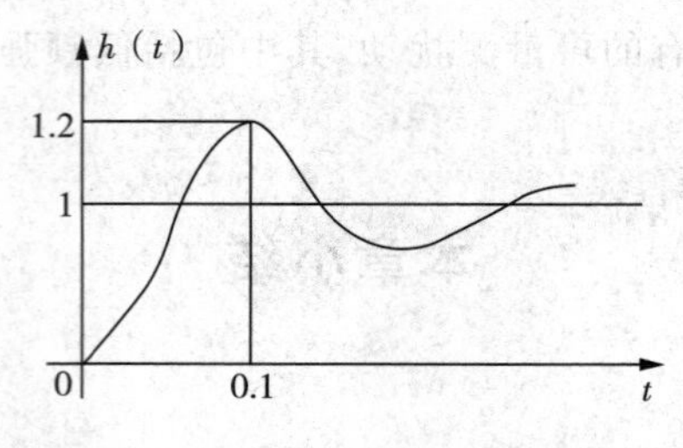

图 3-29　习题 3-6 图

3-7　已知单位负反馈的开环的开环传递函数$G(s)=K[s(Ts+1)]$，若$\delta\%\leqslant16\%$，$t_s=6\mathrm{s}$($\pm5\%$误差带)，试确定 K、T 的位置。

3-8　系统的结构图如图 3-30 所示，其中$G_c(s)=\tau s+1$。试求满足$\zeta\geqslant0.707$时的τ值。

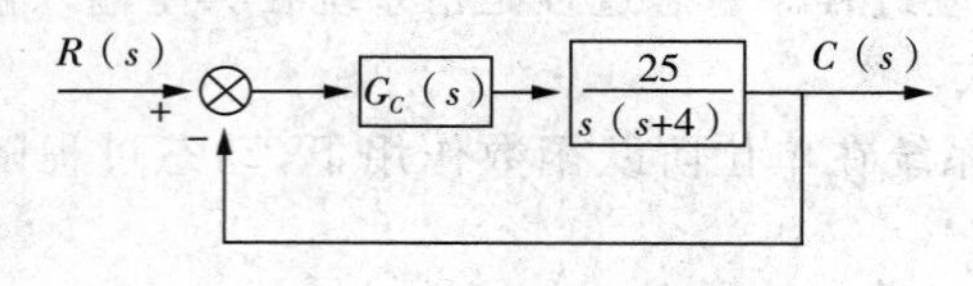

图 3-30　习题 3-8 图

3-9　一个闭环系统的动态结构图如图 3-31 所示。求 若$\delta\%\leqslant20\%$，$t_s=1.8\mathrm{s}$($\pm5\%$误差带）时，系统的参数 K 和 τ 的值。

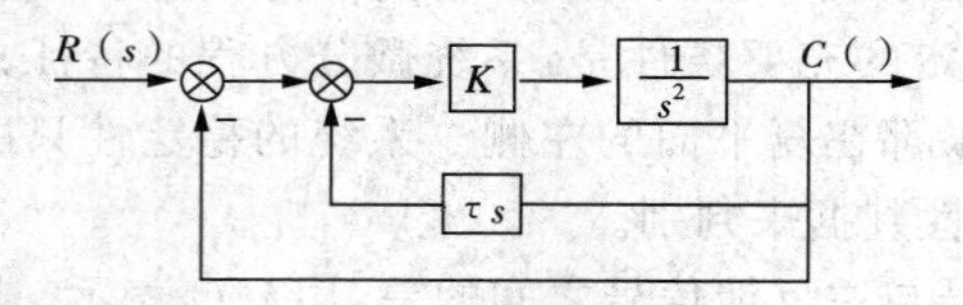

图 3-31　习题 3-9 图

3-10　闭环系统的结构图如图 3-32 图所示。若要求$\delta=0.707$，则参数τ应如何选择。

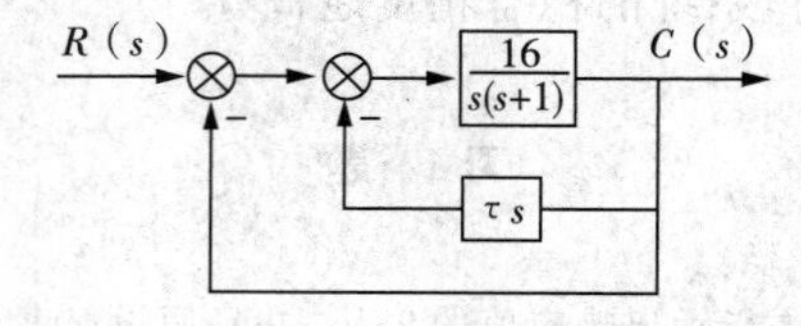

图 3-32　习题 3-10 图

3-11　闭环系统的特征方程如下，试用劳斯稳定判据判断系统的稳定性。

(1)$s^3+20s^2+9s+100=0$；

(2)$s^4+2s^3+8s^2+4s+3=0$；

(3)$s^5+12s^4+44s^3+48s^2+5s+1=0$。

3-12　单位负反馈系统的开环传递函数为

$$G(s)=\frac{K(0.5s+1)}{s(s+1)(0.5s^2+s+1)}$$

试确定 K 的稳定范围。

第 4 章　频域分析法

建立自动控制系统的方框图后，可以求得系统的闭环传递函数。若知道输入量，便可求得系统输出量的拉氏式，再进行拉氏反变换，就可以得到系统的输出响应。但由于实际系统往往都比较复杂，因而这个计算过程将十分繁琐，有时甚至是很困难的。特别是当需要分析改变某个参数（或增减某个环节）对系统性能的影响时，需反复计算，而且通过这种计算方法还无法确切地了解参数改变对系统各方面性能影响的程度。于是经过研究人们提出了一些直观的、便于分析的研究方法，在经典控制理论中，主要是频域分析法和根轨迹法。

由于根轨迹法比较繁琐，且难以绘制。并且随着计算机的发展，人们常常用 MATLAB 软件来绘制根轨迹，本书不讲根轨迹，有兴趣的读者可以查阅相关资料。所以，本书只介绍工程中常用的频域分析法。频域分析法可以用图解的方法进行分析计算，元部件（或系统）的频率特性还可用频率特性测试仪测得，因此频域分析法具有很大的实用意义。

4.1.1　频率特性的基本概念

频率特性又称频率响应，它是系统（或元件）对不同频率正弦输入信号的响应特性。对线性系统，若其输入信号为正弦量，则其稳态输出响应也将是同频率的正弦量。但是其幅值和相位一般都不同于输入量。若逐次改变输入信号的角频率 ω，则输出响应的幅值与相位都会发生变化，见图 4-1。

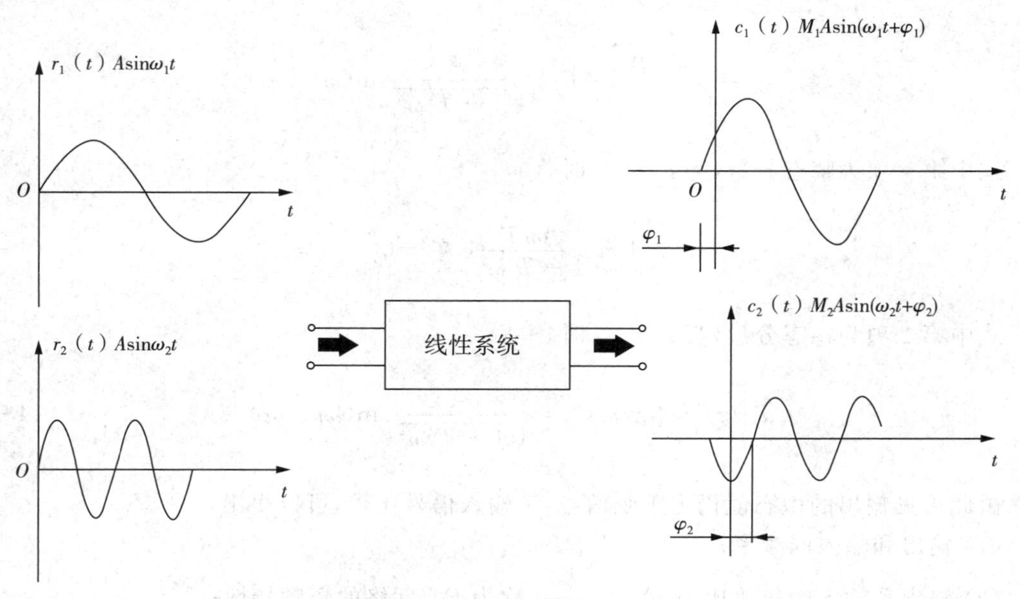

图 4-1　线性系统频率响应示意图

例 4-1　设有如下 RC 网络，输入电压为 $u_i(t)=A\sin(\omega t)$，求频率特性函数 $G(j\omega)$。

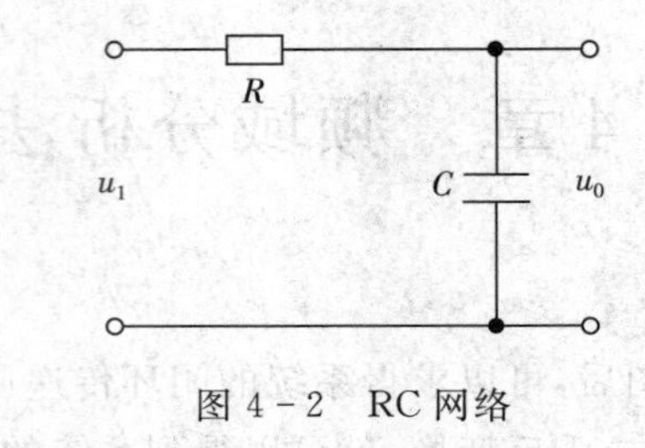

图 4-2　RC 网络

解：由电路知识可得 RC 网络传递函数为

$$\frac{U_o(s)}{U_i(s)}=G(s)=\frac{1}{1+RCs}=\frac{1}{1+Ts}\quad(\text{令 } T=RC)\tag{4-1}$$

$$U_i(s)=\frac{A\omega}{s^2+\omega^2}\tag{4-2}$$

$$U_o(s)=G(s)U_i(s)=\frac{1}{1+Ts}\cdot\frac{A\omega}{s^2+\omega^2}=\frac{A\omega}{T}\cdot\frac{1}{(1+1/T)(s^2+\omega^2)}\tag{4-3}$$

等式两边进行拉氏反变换，得：

$$u_o(t)=\frac{A\omega}{T}\left[\frac{T^2}{1+T^2\omega^2}e^{-\frac{1}{T}t}+\frac{T}{\omega\sqrt{1+T^2\omega^2}}\sin(\omega t-\arctan\omega T)\right]$$

$$=\frac{A\omega T}{1+T^2\omega^2}e^{-\frac{1}{T}t}+\frac{A}{\sqrt{1+T^2\omega^2}}\sin(\omega t-\arctan\omega T)\quad(\text{令 } \varphi=-\arctan\omega T)$$

$$=\frac{A\omega T}{1+T^2\omega^2}e^{-\frac{1}{T}t}+\frac{A}{\sqrt{1+T^2\omega^2}}\sin(\omega t+\varphi)$$

式中第一项为瞬态分量，当 $t\to\infty$ 时，

$$\lim_{t\to+\infty}\frac{A\omega T}{1+T^2\omega^2}e^{-\frac{1}{T}t}=0\tag{4-4}$$

式中第二项为稳态分量，当 $t\to\infty$ 时，

$$u_{oss}(t)=\lim_{t\to+\infty}u_o(t)=\frac{A}{\sqrt{1+T^2\omega^2}}\sin(\omega t+\varphi)\tag{4-5}$$

由此可见输出的稳态值仍为正弦信号，和输入信号比较，可以得出，

(1) 输出和输入同频率；

(2) 输出和输入的幅值比为 $\frac{1}{\sqrt{T^2\omega^2+1}}$，称为 RC 网络的幅频特性；

(3) 输出和输入的相位差为 φ，称为 RC 网络的相频特性。

将幅频特性和相频特性用一个式子表示为

$$\frac{1}{\sqrt{1+T^2\omega^2}}e^{-j\arctan\omega T}=\left|\frac{1}{1+jT\omega}\right|e^{j\angle\frac{1}{1+jT\omega}}=\frac{1}{1+jT\omega} \tag{4-6}$$

即将传递函数 $G(s)$ 中的 s 用 $j\omega$ 表示，为 $G(j\omega)$，称为 RC 网络的频率特性。

由此，我们可以得出以下结论：

对于稳定的线性定常系统，由正弦输入产生的稳态输出分量仍然是与输入同频率的函数有关，而幅值与相角的变化是频率的函数，且与数学模型有关。

所以，我们可以这样定义幅频特性、相频特性和频率特性：

(1) 幅频特性 $A(\omega)$

在谐波输入下，输出响应中与输入同频率的谐波分量与输入谐波分量的幅值之比，即 $A(\omega)=|G(j\omega)|$。

(2) 相频特性 $\varphi(\omega)$

谐波输入下，输出响应中与输入同频率的谐波分量与输入谐波分量的相位之差，即 $\varphi(\omega)=\angle G(j\omega)$。

(3) 频率特性 $G(j\omega)$

在正弦信号作用下，系统的输出稳态分量与输入量复数之比，$G(j\omega)=A(\omega)e^{j\varphi(\omega)}$。表征输入输出幅值、相位上的差异。频率特性表征系统对正弦信号的三大传递能力，即同频、变幅、变相。

4.1.2　频率特性的表示方法

1. 幅相频率特性曲线(奈奎斯特图)

幅相频率特性可以表示成代数形式和极坐标形式。

(1) 代数形式

设系统或环节的传递函数为 $G(s)=\dfrac{b_0s^m+b_1s^{m-1}+\cdots+b_m}{a_0s^n+a_1s^{n-1}+\cdots+a_n}$，令 $s=j\omega$，可得系统或环节的频率特性，

$$G(j\omega)=\frac{b_0(j\omega)^m+b_1(j\omega)^{m-1}+\cdots+b_m}{a_0(j\omega)^n+a_1(j\omega)^{n-1}+\cdots+a_n}=P(\omega)+jQ(\omega) \tag{4-7}$$

其中，$P(\omega)$ 为频率特性的实部，称为实频特性；$Q(\omega)$ 为频率特性的虚部，称为虚频特性。

(2) 极坐标形式

将频率特性表示成指数形式，$G(j\omega)=\sqrt{P^2(\omega)+Q^2(\omega)}\,e^{j\varphi(\omega)}=A(\omega)e^{j\varphi(\omega)}$，其中，$A(\omega)=\sqrt{P^2(\omega)+Q^2(\omega)}$，$A(\omega)$ 为频率特性的幅值，即幅频特性；$\varphi(\omega)=\arctan\dfrac{P(\omega)}{Q(\omega)}$，$\varphi(\omega)$ 为复数频率特性的相角或相位移，即相频特性。

极坐标频率特性图又称奈奎斯特图或幅相频率特性图。极坐标频率特性图是当 ω 从 0 到 ∞ 变化时，以 ω 为参变量，在极坐标图上绘出 $G(j\omega)$ 的模 $|G(j\omega)|$ 和幅角 $\angle G(j\omega)$ 随 ω

变化的曲线，即当ω从0到∞变化时，向量$G(j\omega)$的矢端轨迹。$G(j\omega)$曲线上每一点所对应的向量都表示与某一输入频率ω相对应的系统（或环节）的频率响应，其中向量的模反映系统（或环节）的幅频特性，向量的相角反映系统（或环节）的相频特性。图4－3就是某一环节的奈奎斯特图。

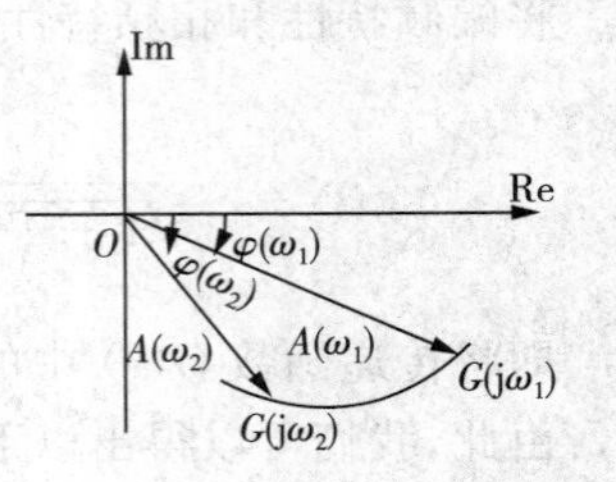

图4－3　奈奎斯特图

2. 对数频率特性曲线(Bode图)

对数坐标频率特性图又称伯德(Bode图)。由对数幅频特性曲线和对数相频特性曲线组成，通常将二者画在一张图上，统称为对数坐标频率特性。

与极坐标图不同，在伯德图中以ω为横轴坐标。但ω的变化范围极广$(0\rightarrow\infty)$，如果采用普通坐标分度的话，很难展示出其如此之宽的频率范围。因此，在伯德图中横轴采用对数分度。通常伯德图由对数幅频和对数相频两条曲线组成。横坐标是频率$\lg\omega$，按对数分度，单位为弧度／秒(rad/s)。ω每变化10倍，横坐标增加一个单位长度，这个单位长度代表10倍频距，故称为“十倍频程”，简写为dec。纵坐标按$20\lg A(\omega)$线性分度，单位为分贝(dB)。如图4－4为伯德图的横轴对照图。

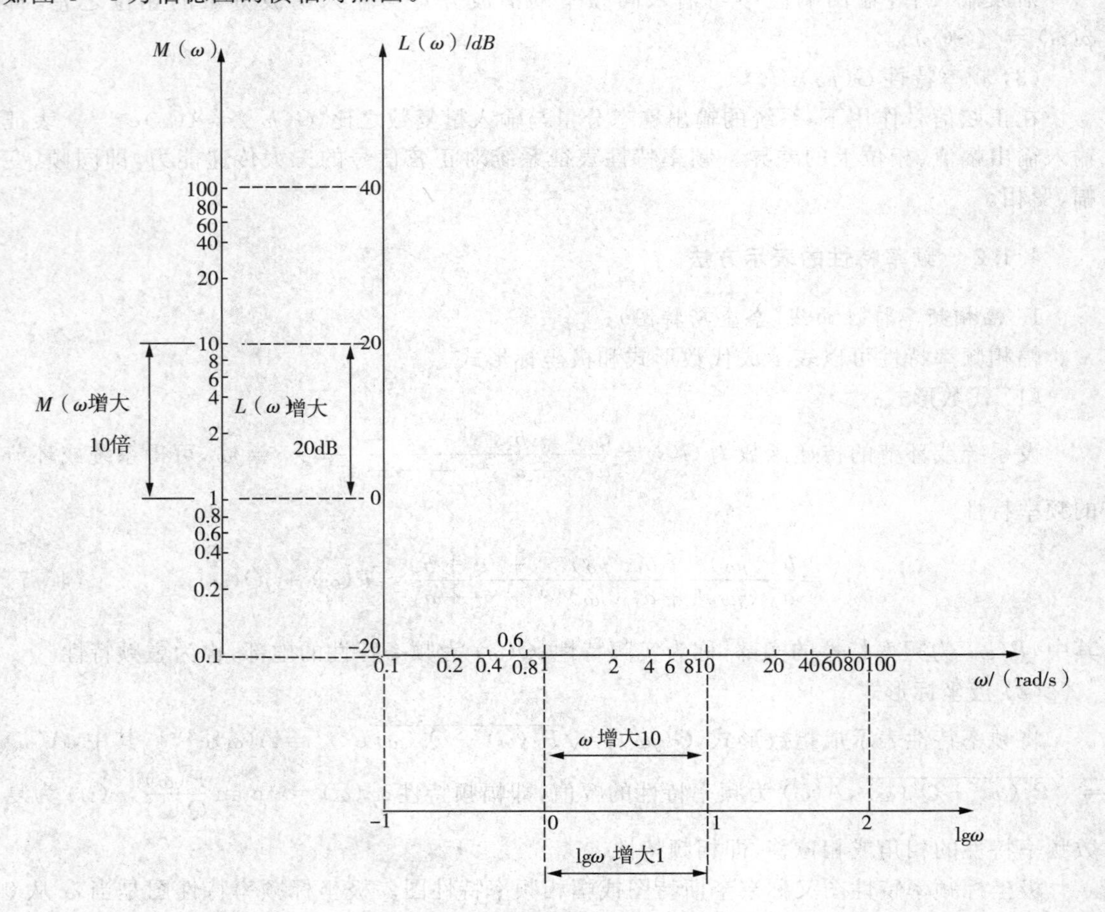

图4－4　伯德图的横坐标和纵坐标

4.2　典型环节的频率特性

1. 比例环节

(1) 传递函数

$$G(s)=\frac{C(s)}{R(s)}=K \tag{4-8}$$

(2) 频域特性

$$G(j\omega)=K \tag{4-9}$$

(3) 奈奎斯特图

比例环节的幅频特性、相频特性均与频率 ω 无关。所以由 ω 变到 ∞，在图中为实轴上点。$\varphi(\omega)=0$，表示输出与输入同相位。

比例环节的奈奎斯特图如图 4-5 所示。

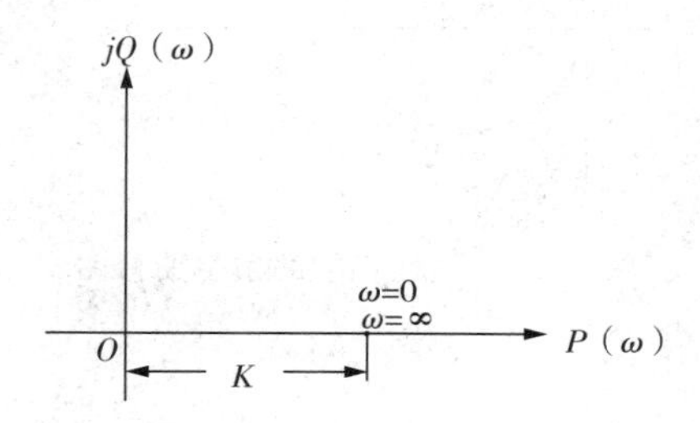

图 4-5　比例环节的奈奎斯特图

(4) 对数频域特性

$$\begin{cases}L(\omega)=20\lg A(\omega)=20\lg K\\ \varphi(\omega)=0\end{cases} \tag{4-10}$$

(5) 伯德图

根据对数频率特性的定义有

$$L(\omega)=20\lg|G(j\omega)|=20\lg A(\omega)=20\lg K,\varphi(\omega)=0^{\circ} \tag{4-11}$$

式(4-11)表示一条水平直线，若 K 值增加，则 $L(\omega)$ 直线向上平移。式表示一条与 0° 重合的直线，其伯德图如图 4-6 所示。

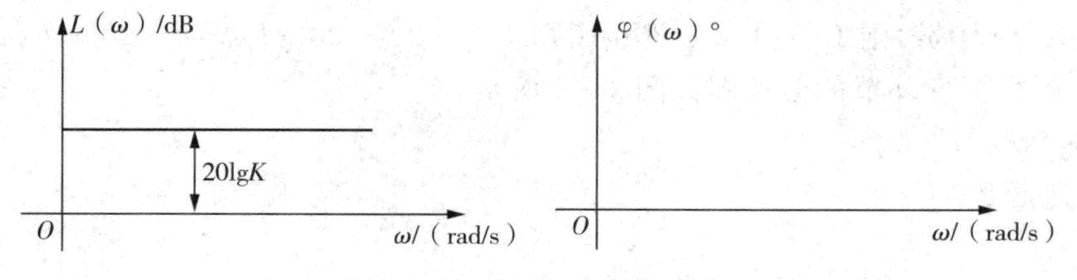

图 4-6　比例环节的伯德图

2. 惯性环节

(1) 传递函数

$$G(s)=\frac{C(s)}{R(s)}=\frac{1}{1+Ts} \tag{4-12}$$

(2) 频率特性

$$G(j\omega)=\frac{1}{1+jT\omega}=\frac{1-jT\omega}{(1+jT\omega)(1-jT\omega)}=\frac{1-jT\omega}{1+T^2\omega^2}=P(\omega)+jQ(\omega) \tag{4-13}$$

(3) 奈奎斯特图

惯性环节的奈奎斯特图实际上是一个圆,圆心为$\left(\frac{1}{2},0\right)$,半径为$\frac{1}{2}$。

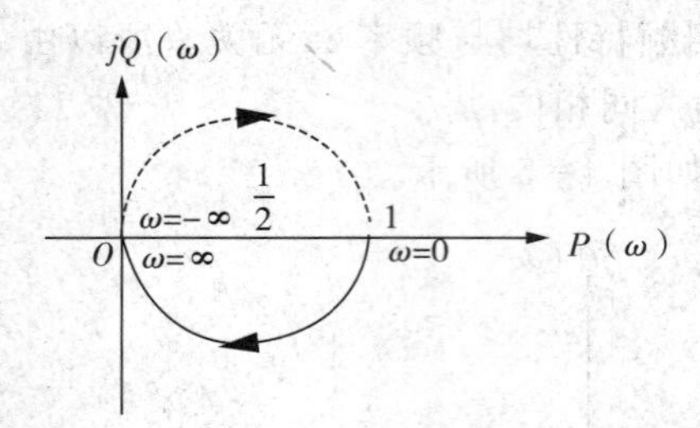

图 4-7　惯性环节的奈奎斯特图

(4) 对数幅频特性

$$\begin{cases}L(\omega)=20\lg A(\omega)=20\lg\dfrac{1}{\sqrt{1+T^2\omega^2}}=-20\lg\sqrt{1+T^2\omega^2}\\ \varphi(\omega)=-\arctan T\omega\end{cases} \tag{4-14}$$

(5) 伯德图

$$\begin{cases}L(\omega)=20\lg A(\omega)=20\lg\dfrac{1}{\sqrt{1+T^2\omega^2}}=-20\lg\sqrt{1+T^2\omega^2}\\ \varphi(\omega)=-\arctan T\omega\end{cases} \tag{4-15}$$

① 当 $\omega T\ll 1$,即 $\omega\ll 1/T\Rightarrow L(\omega)=-20\lg\sqrt{1+T^2\omega^2}\approx-20\lg 1=0$

② 当 $\omega T\gg 1$,即 $\omega\gg 1/T\Rightarrow L(\omega)=-20\lg\sqrt{1+T^2\omega^2}\approx-20\lg T\omega$

设 $\omega=\omega_1$,则 $L(\omega_1)\approx-20\lg T\omega_1$;

设 $\omega=\omega_2=10\omega_1$,则 $L(\omega_2)\approx-20\lg 10T\omega_1=-20-20\lg T\omega_1=-20+L(\omega_1)$。

由此可画得惯性环节的伯德图如图 4-8 所示。

3. 积分环节

(1) 传递函数

$$G(s)=\frac{C(s)}{R(s)}=\frac{1}{s} \tag{4-16}$$

(2) 频率特性

$$G(j\omega)=\frac{1}{j\omega}=-j\,\frac{1}{\omega}=P(\omega)+jQ(\omega)=\frac{1}{\omega}\mathrm{e}^{-j\frac{\pi}{2}} \tag{4-17}$$

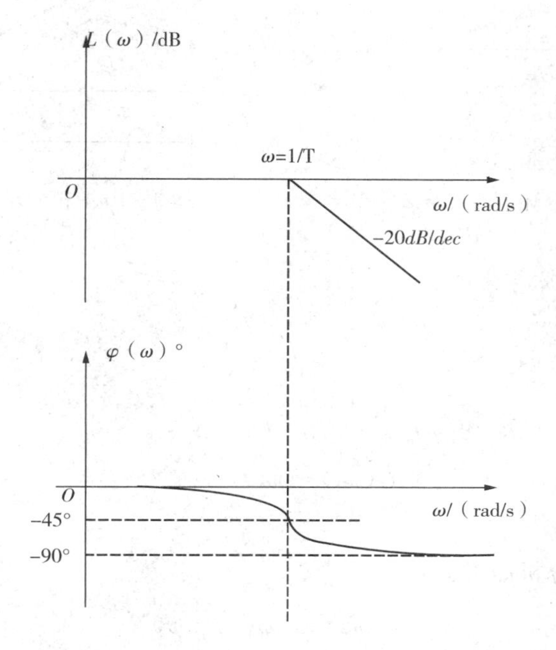

图 4-8　惯性环节的伯德图

(3) 奈奎斯特图

根据式(4-17),分析如下:

当 $\omega=0$ 时,$M(\omega)\to\infty$,$\varphi(\omega)=-90^\circ$;

当 $\omega=1$ 时,$M(\omega)=1$,$\varphi(\omega)=-90^\circ$;

当 $\omega\to\infty$ 时,$M(\omega)=0$,$\varphi(\omega)=-90^\circ$。

由以上分析可知,幅频特性 $M(\omega)$ 与 ω 成反比,相频特性 $\varphi(\omega)$ 恒等于 -90°,积分环节的奈奎斯特图如图 4-9 所示。当频率 ω 从 $0\to\infty$ 时,特性曲线由虚轴的 $-j\omega\to 0$ 原点变化。

(4) 对数频率特性

$$\begin{cases} L(\omega)=20\lg A(\omega)=20\lg\dfrac{1}{\omega}=-20\lg\omega \\ \varphi(\omega)=-90^\circ \end{cases} \tag{4-18}$$

(5) 伯德图

根据式(4-18)可得积分环节的对数幅频特性为 $-20\lg\omega$,由于对数频率特性的频率轴是以 $\lg\omega$ 分度的,显然式(4-18)中 $L(\omega)$ 与 $\lg\omega$ 的关系是一条直线,其斜率为 $-20dB/dec$,并且经过点(1,0)。

对数相频特性为 $\varphi(\omega)=-90^\circ$,它是一条平行于实轴的一条直线,位于 -90° 位置。积分环节的伯德图如图 4-10 所示。

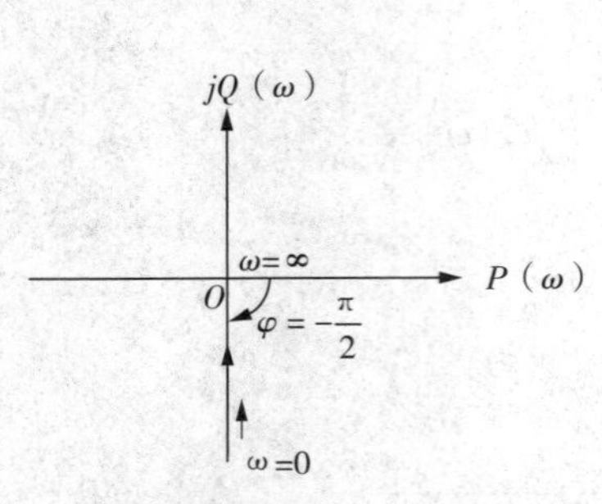

图 4-9　积分环节的奈奎斯特图

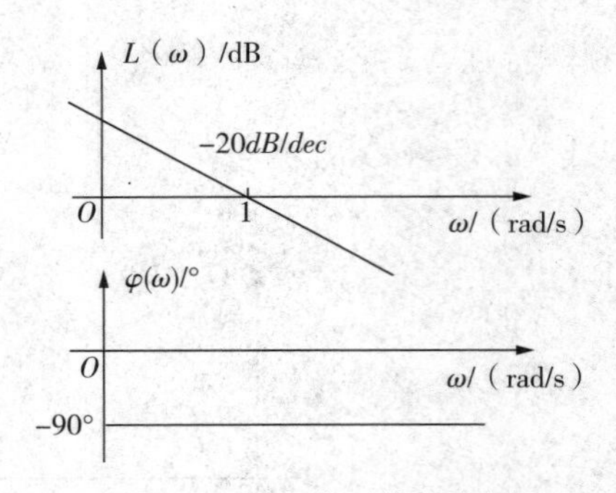

图 4-10　积分环节伯德图

4. 纯微分环节

（1）传递函数

$$G(s)=s \tag{4-19}$$

（2）频率特性

$$G(j\omega)=j\omega=\omega e^{+j\frac{\pi}{2}} \tag{4-20}$$

（3）奈奎斯特图

根据式(4-20)，分析如下：

$$M(\omega)=\omega,\varphi(\omega)=90^\circ \tag{4-21}$$

当频率 ω 从 $0\to\infty$ 时，$M(\omega)$ 从 $0\to\infty$，$\varphi(\omega)=90^\circ$，其极坐标图如图 4-11 所示，特征曲线与正虚轴重合。

（4）对数频率特性

$$\begin{cases}L(\omega)=20\lg A(\omega)=20\lg\omega\\ \varphi(\omega)=90^\circ\end{cases} \tag{4-22}$$

（5）伯德图

根据式(4-22)可得积分环节的对数幅频特性 $L(\omega)=20\lg\omega$，可见，$L(\omega)$ 与 $\lg\omega$ 成直线关系，其斜率为 20，并且与 $0db$ 线（ω 轴）相交于 $\omega=1$ 点，对数相频特性为 $\varphi(\omega)=90^\circ$，它是一条与 ω 轴平行的直线，位于 90° 处。微分环节的伯德图如图 4-13 所示。

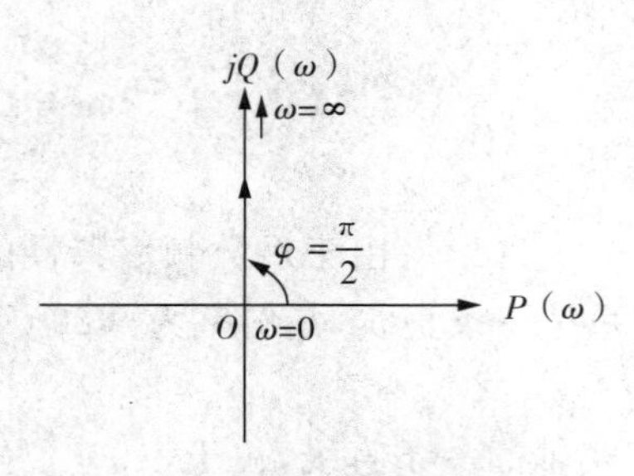

图 4-11　微分环节的奈奎斯特图

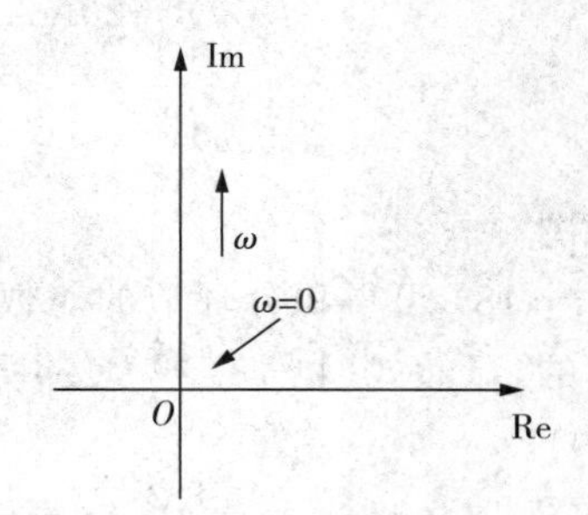

图 4-12　微分环节的幅相频率特征曲线

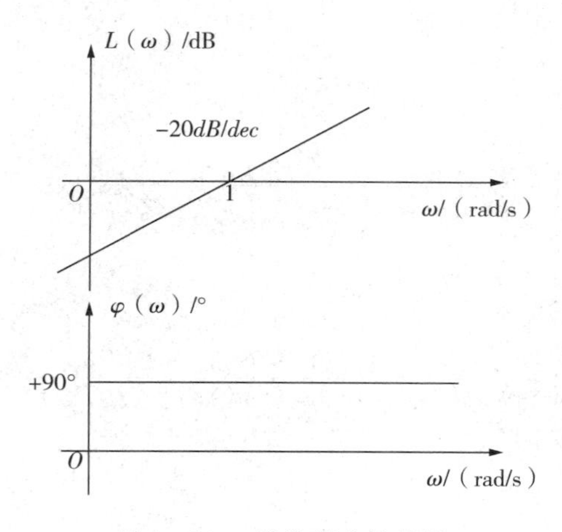

图 4 - 13　微分环节伯德图

5. 一阶微分环节

(1) 传递函数

$$G(s) = Ts + 1 \tag{4-23}$$

(2) 频率特性

$$G(j\omega) = 1 + jT\omega = \sqrt{1 + T^2\omega^2}\,\mathrm{e}^{j\arctan T\omega} \tag{4-24}$$

(3) 奈奎斯特图

一阶微分环节的幅相频率特征曲线由复平面上的点$(1, j0)$出发，平行于虚轴。随ω从$0 \to \infty$而逐渐向上直到$+\infty$处，如图 4 - 14 所示。

(4) 对数频率特性

$$\begin{cases} L(\omega) = 20\lg A(\omega) = 20\lg\sqrt{1 + (T\omega)^2} \\ \varphi(\omega) = \arctan T\omega \end{cases} \tag{4-25}$$

(5) 伯德图

由传递函数可以看出，一阶微分环节是惯性环节的导数，已知惯性环节的伯德图，根据其对频率轴ω的对称性，可以得到一阶微分环节的对数频率特性曲线，如图 4 - 15 所示。

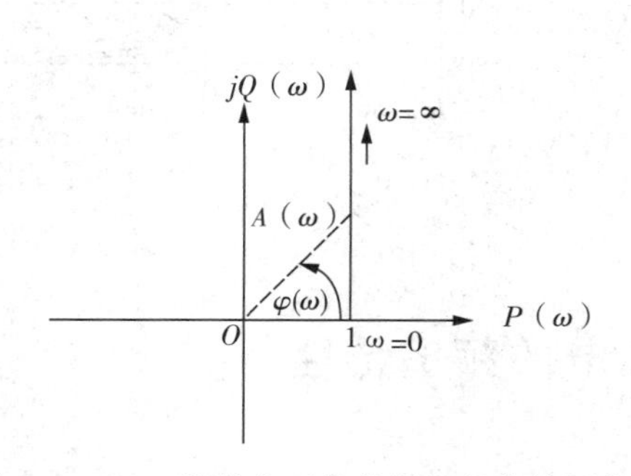

图 4 - 14　一阶微分环节的幅相频率特征曲线

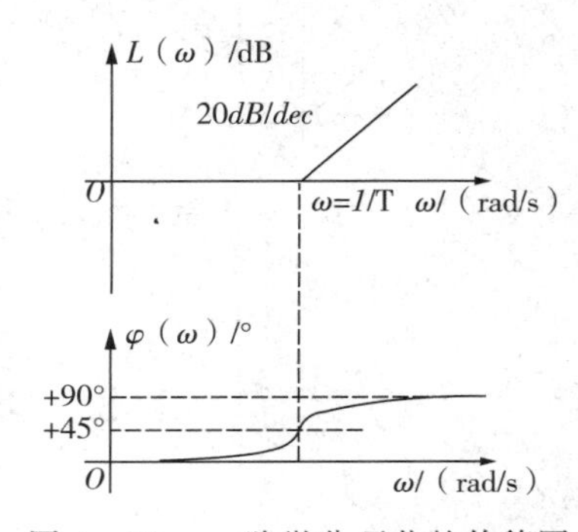

图 4 - 15　一阶微分环节的伯德图

6. 振荡环节

(1) 传递函数

$$G(s)=\frac{\omega_n^2}{s^2+2\zeta\omega_n s+\omega_n^2}=\frac{1}{T^2s^2+2\zeta Ts+1},T=\frac{1}{\omega_n} \tag{4-26}$$

(2) 频率特必

$$G(j\omega)=\frac{1}{1-T^2\omega^2+2\xi Tj\omega}=\frac{1-T^2\omega^2-2\xi Tj\omega}{(1-T^2\omega^2)^2+(2\xi T\omega)^2}=P(\omega)+jQ(\omega) \tag{4-27}$$

(3) 奈奎斯特图

(4) 对数频域特性

$$L(\omega)=20\lg A(\omega)=-20\lg\sqrt{(1-T^2\omega^2)^2+(2\zeta T\omega)^2} \tag{4-28}$$

$$\varphi(\omega)=\begin{cases}-\arctan\left(\dfrac{2\xi T\omega}{1-T^2\omega^2}\right), & \omega T<1\text{ 时}\\ -\pi+\arctan\left(\dfrac{2\xi T\omega}{T^2\omega^2-1}\right), & \omega T\geqslant 1\text{ 时}\end{cases} \tag{4-29}$$

(5) 伯德图(图 4-17)

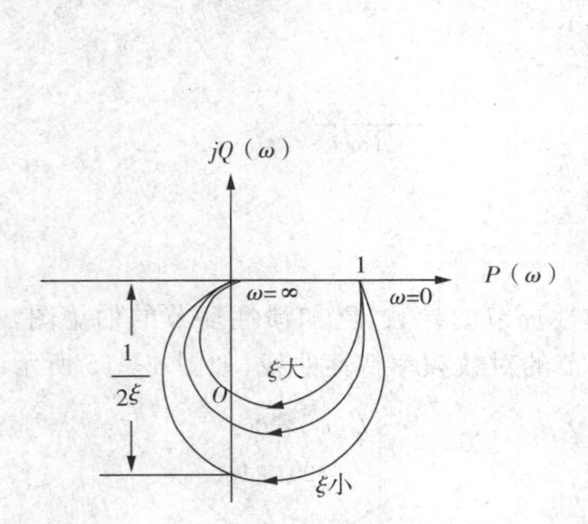

图 4-16 振荡环节的幅相频率特性图

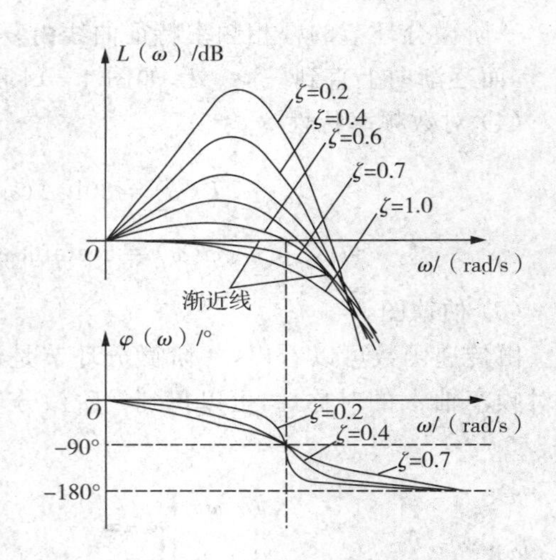

图 4-17 振荡环节的伯德图

4.3 典型环节的频率特性

控制系统一般总是由若干个环节组成，而系统的开环传递函数通常为反馈回路中各串联环节的传递函数的乘积，直接绘制系统的开环传递函数比较繁琐，若熟悉了典型环节的对数频率特性，则不难绘制系统的开环对数频率特性(伯德图)。

4.3.1　开环对数频率特性(伯德图)曲线的绘制

开环系统的幅相特性曲线称为开环幅相曲线。绘制准确的开环幅相曲线与绘制典型换机的幅相频率特性曲线一样，可根据系统的开环幅频特性和相频特性的表达式，用解析计算法来绘制。显然这种方法比较麻烦。在一般情况下，只需要绘制概略开环幅相曲线，此曲线的绘制方法虽然比较简单，但是概略曲线应保留准确曲线的重要特征，并且在要研究的点附近有足够的准确性。

下面首先介绍幅相频率特征曲线的一般规律与特点，然后举例说明绘制概略开环幅相曲线的方法。设系统的开环传递函数的一般形式为

$$G(s)=\frac{K_k\prod_{i=1}^{m}(T_is+1)}{s^v\prod_{j=1}^{n-v}(T_js+1)}(n>m,K_k,T_i,T_j>0) \tag{4-30}$$

式(4-30)中，K_k 为开环放大倍数；v 为开环系统中积分环节的个数。系统的开环频率特性为

$$G(j\omega)=\frac{K_k\prod_{i=1}^{m}(j\omega T_i+1)}{(j\omega)^v\prod_{j=1}^{n-v}(j\omega T_j+1)} \tag{4-31}$$

由式可得开环幅频特性为

$$A(\omega)=\frac{K_k\prod_{i=1}^{m}\sqrt{\omega^2T_i^2+1}}{\omega^v\prod_{j=1}^{n-v}\sqrt{\omega^2T_j^2+1}} \tag{4-32}$$

开环相频特性为

$$\varphi(\omega)=\sum_{i=1}^{m}\arctan(\omega T_i)-90^\circ v-\sum_{j=1}^{m}\arctan(\omega T_j) \tag{4-33}$$

1. 开环幅相曲线的起点

当 $\omega\to0^+$ 时，可以确定特性的低频部分。由式(4-32)、式(4-33)可知，当 $v=0$ 时，$A(0)=K_k$，$\varphi(0)=0^\circ$，当 $v>0$ 时，$A(0^+)=\infty$，$\varphi(0^+)=-90^\circ v$，其特点由系统的类别近似确定，如图 4-18 所示。

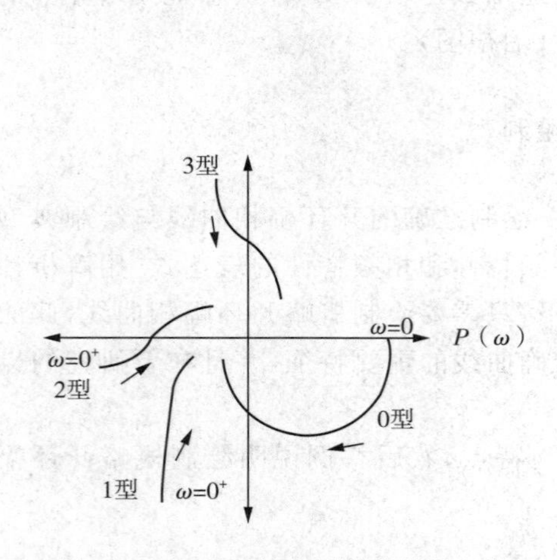

图 4-18　开环极坐标图曲线的起点

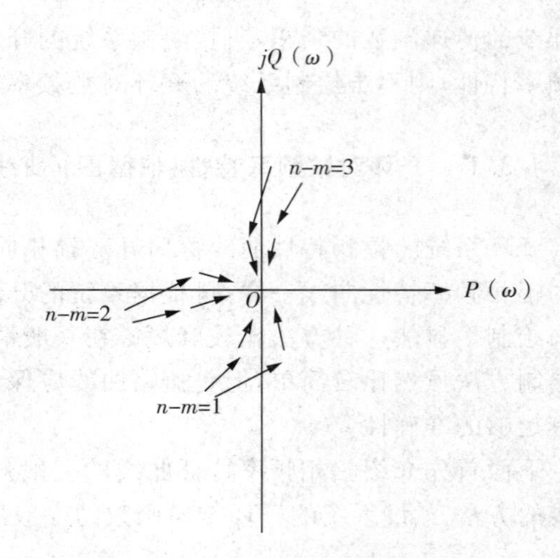

图 4-19　开环极坐标图曲线的终点

对于0型($v=0$)系统,$A(0)=K_k$,$\varphi(0)=0°$,因此,0型系统的开环幅相曲线起始于实轴上的(K,$j0$)点。

对于1型($v=1$)系统,$A(0^+)=\infty$,$\varphi(0^+)=-90°$,因此,1型系统的开环幅相曲线起始于相角$-90°$的无穷远处。当$\omega\to 0^+$时,开环幅相曲线趋于一条与虚轴平行的渐近线,这一渐近线可以由式(3-34)确定:

$$\sigma_x=\lim_{\omega\to 0^+}Re[G(j\omega)]=\lim_{\omega\to 0^+}P(\omega) \tag{4-34}$$

对于2型($v=2$)系统,$A(0^+)=\infty$,$\varphi(0^+)=-180°$,因此2型系统的开环幅相曲线起始于相角为$-180°$的无穷远处。

2. 开环幅相曲线的终点

当$\omega\to\infty$时,可以确定高频部分。一般有$n>m$,故当$\omega\to\infty$时,有$A(\infty)=0$,$\varphi(\infty)=-90°(n-m)$,即

$$\lim_{\omega\to\infty}G(j\omega)=0\angle[-90°(n-m)] \tag{4-35}$$

即其特性总是以$-90°(n-m)$顺时针方向终止于坐标原点,如图4-19所示。

3. 开环幅相曲线与负实轴的交点的频率ω_g由式(4-36)求出

$$\mathrm{Im}[G(j\omega)]=Q(\omega)=0 \tag{4-36}$$

将求出的交点频率ω_g代入$Re[G(j\omega)]=P(\omega)$即可计算开环幅相曲线与负实轴的交点。

4. 开环幅相曲线的变化范围(象限、单调性)

如果在传递函数的分子中没有任何时间常数,则当ω由$0\to\infty$过程中,特性的相角连续减少,特性平滑地变化;如果在分子中有时间常数,则视为这些常数的数值大小不同,特性的相角可能不是以同一方向连续地变化,这时,特性可能出现凹部。

下面举例说明概略开环幅相曲线的绘制。

例 4-2　已经某单位反馈系统，其开环传递函数为

$$G(s)=\frac{K}{s(Ts+1)}(K,T>0)$$

试绘制该系统的开环频率函数的极坐标图。

解 系统的开环频率特性为

$$G(j\omega)=\frac{K}{j\omega(1+jT\omega)}=\frac{-KT}{1+T^2\omega^2}+j\frac{-K}{\omega(1+T^2\omega^2)}$$

幅频特性为

$$A(\omega)=\frac{K}{\omega\sqrt{1+T^2\omega^2}}$$

相频特性为

$$\varphi(\omega)=-90^\circ-\arctan T\omega$$

(1) 曲线的起点：该系统为 1 型系统，当 $\omega\to0^+$ 时，$G(j\omega)=K/(j\omega)=(K/\omega)e^{-j\frac{\pi}{2}}$，$A(0^+)\to\infty$，$\varphi(0^+)=-90^\circ$，系统的开环幅相曲线起始于 -90° 的无穷远处。

当 $\omega\to0^+$ 时，开环幅相曲线趋于一条与虚轴平行的渐近线，这一渐近线可以由下式确定：

$$\sigma_x=\lim_{\omega\to0^+}Re[G(j\omega)]=\lim_{\omega\to0^+}\frac{-KT}{1+T^2\omega^2}=-KT$$

(2) 曲线的终点：该系统中 $n=2$，$m=0$，$A(\infty)=0$，$\varphi(\infty)=-(n-m)\times90^\circ=-180^\circ$，系统幅相特征曲线趋向以 -180° 顺时针终止于坐标原点。

(3) 曲线变化的范围：该系统不存在一阶微分环节，因此，系统的幅相特征曲线的相角从 -90° 单调减少到 -180°，曲线平滑变化。

例 4-3　已知单位负反馈系统，其开环传递函数为

$$G(s)=\frac{K}{(T_1s+1)(T_2s+1)}(K,T_1,T_2>0)$$

试绘制概略开环幅相曲线。

解：系统的开环频率特性为

$$G(j\omega)=\frac{K}{(1+jT_1\omega)(1+jT_2\omega)}$$

幅频特性为

$$A(\omega)=\frac{K}{\sqrt{1+T_1^2\omega^2}\sqrt{1+T_2^2\omega^2}}$$

相频特性为

$$\varphi(\omega) = -\arctan T_1\omega - \arctan T_2\omega$$

(1) 曲线的起点:该系统为0型系统,当$\omega=0$时,$A(0)=K$,$\varphi(0)=0^\circ$,系统的幅相特性曲线起始于实轴上(K,j_0)。

(2) 曲线的终点:该系统中$n=2$,$m=0$,$A(\infty)=0$,$\varphi(\infty)=-(n-m)\times 90^\circ=-180^\circ$,系统的幅相特性趋向以$-180^\circ$方向顺时针终止于坐标原点。

(3) 曲线的变化范围:该系统不存在一阶微分环节,因此,系统幅相特征曲线的相角由0°单调减少到-180°,曲线平滑地变化。

(4) 开环幅相曲线与负实轴的交点:由(3)可知,系统幅相特征曲线与负实轴无交点。

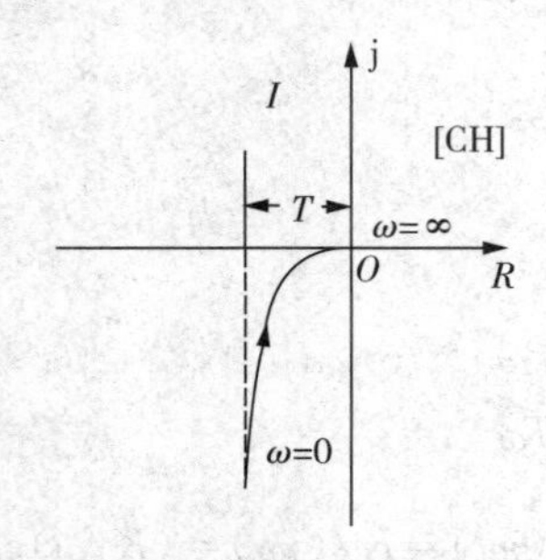

图 4-20　极坐标图

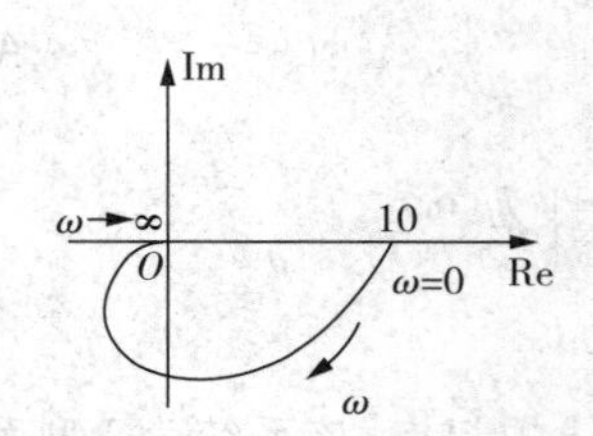

图 4-21　系统开环极坐标图

4.3.2　系统开环对数频率特性图的绘制

系统的开环传递函数通常可以写成典型环节的串联的形式,即

$$G(s)H(s)=G_1(s)G_2(s)\cdots G_n(s) \tag{4-37}$$

系统的开环频率特性为

$$G(j\omega)H(j\omega)=G_1(j\omega)G_2(j\omega)\cdots G_n(j\omega)=\prod_{i=1}^{n}Ai(\omega)\mathrm{e}^{j\sum\limits_{i=1}^{n}\varphi_i(\omega)}=A(\omega)\mathrm{e}^{j\varphi(\omega)} \tag{4-38}$$

则系统的开环对数幅频特性和相频特性分别为

$$\begin{aligned}L(\omega)&=20\lg A(\omega)\\&=20\lg|G_1(j\omega)G_2(j\omega)\cdots G_n(j\omega)|\\&=20\lg|G_1(j\omega)|+20\lg|G_2(j\omega)|+\cdots+20\lg|G_n(j\omega)|\\&=L_1(\omega)+L_2(\omega)+\cdots+L_n(\omega)\\&=\sum_{i=1}^{n}L_i(\omega)\end{aligned} \tag{4-39}$$

$$\varphi(\omega)=\angle G_1(j\omega)+\angle G_2(j\omega)+\cdots+\angle G_n(j\omega)=\sum_{i=1}^{n}\varphi(\omega) \tag{4-40}$$

从上式可知,系统开环对数幅频特性和相频特性分别等于该系统各个组成部分(典型)

环节的对数幅频特性之和相频特性之和。

绘制系统的开环对数幅频特性曲线时，可先画出各个典型环节的对数幅频特性和相频特性曲线，然后再将各个典型环节的曲线在纵轴方向进行叠加，即可得到所求的开环对数频率特性曲线。现举例如下。

例 4－4　已知 $G(s)=\dfrac{10}{(s+1)(0.2s+1)}$，试绘制系统的开环对数频率特征曲线。

解：由传递函数可知，系统的开环频率特性为

$$G(j\omega)=\frac{10}{(j\omega+1)(j0.2\omega+1)}$$

对数幅频特性表达式为

$$L(\omega)=20\lg|G(j\omega)|=20\lg 10-20\lg\sqrt{1+\omega^2}-20\lg\sqrt{1+(0.2\omega)^2}$$

$$=L_1(\omega)+L_2(\omega)+L_3(\omega)$$

由以上两式，可以画出系统的开环对数幅频和相频特性曲线，如图 4－22 所示。

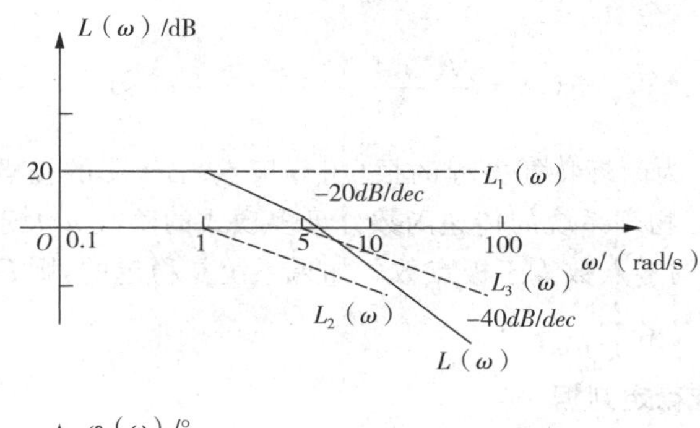

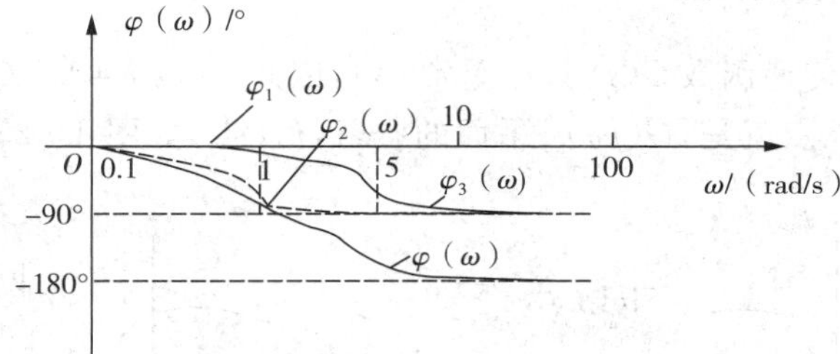

图 4－22　系统开环对数频率特性曲线

4.4　奈奎斯特稳定判据

因为系统开环模型中包含了闭环模型的所有元部件以及所有环节的动态结构和参数，所以可以运用系统的开环特性来判别闭环系统的稳定性。

4.4.1 系统开环特征式和闭环特征式的关系

闭环系统的稳定性取决于闭环特征根在 s 平面的分布。要由开环频率特性研究闭环的稳定性，首先应该明确开环和闭环特征式的关系。以单位负反馈系统来讨论，如果系统开环传递函数为 $G(s)$，那么该系统的闭环传递函数为

$$\Phi(s)=\frac{G(s)}{1+G(s)} \tag{4-41}$$

设

$$G(s)=\frac{M(s)}{N(s)} \tag{4-42}$$

则

$$\Phi(s)=\frac{M(s)/N(s)}{1+M(s)/N(s)}=\frac{M(s)}{N(s)+M(s)} \tag{4-43}$$

其中，$N(s)$ 及 $[N(s)+M(s)]$ 分别为开环和闭环的特征式。以两者之比构造辅助函数：

$$F(s)=\frac{N(s)+M(s)}{N(s)}=1+G(s) \tag{4-44}$$

显然，$F(s)$ 的零点为闭环特征方程的根(闭环极点)，$F(s)$ 的极点为开环特征方程的根(开环极点)。由于实际物理系统的传递函数分母多项式的阶次 n 大于或等于分子多项式的阶次 m，所以辅助函数的零点数等于极点数。如果系统是稳定的，则 $F(s)$ 的零点必须全部位于 s 平面的左半部。

4.4.2 奈奎斯特稳定判据

由于 $F(s)$ 与开环传递函数 $G(s)$ 只相差常量 1，因此 $F(j\omega)=1+G(j\omega)$ 的几何意义为：$[F(j\omega)]$ 平面的坐标原点就是 $[G(j\omega)]$ 平面的 $(-1,j_0)$ 点，如图 4-23 所示。

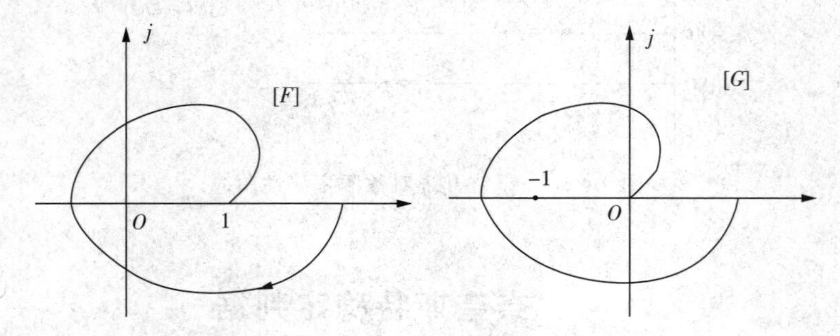

图 4-23 $F(j\omega)$ 平面和 $G(j\omega)$ 平面

$F(j\omega)$ 向量对其原点的转角相当于 $G(j\omega)$ 曲线对 $(-1,j0)$ 的转角。因此，奈奎斯特稳定判据可表述为：

若系统开环传递函数有 p 个右极点，则闭环系统稳定的充要条件为：当 ω 由 $-\infty \to +\infty$ 时，开环幅相特征曲线 $G(j\omega)$ 逆时针包围点 $(-1,j0)$ p 次；否则，闭环系统不稳定。若 $p=0$，则仅当 $G(j\omega)$ 曲线不包围点 $(-1,j0)$ 时闭环系统稳定。

如果当 ω 由 $-\infty \to +\infty$ 时，开环幅相特性曲线 $G(j\omega)$ 包围 $(-1,j_0)$ 点 N 次（顺时针包围时，$N>0$；逆时针包围时，$N<0$），则系统闭环传递函数在右半 s 平面的极点数为

$$Z=p+N \tag{4-45}$$

要使系统闭环稳定，即 $F(s)$ 的零点必须全部位于 s 平面的左半部，也就是说 $Z=0$。

如果开环传递函数 $G(s)$ 中含有 v 个积分环节，则应从绘制的开环幅相特征曲线上 $\omega=0^+$ 对应点处逆时针方向做 $v90°$、无穷大半径圆弧的辅助线，找到 $\omega=0$ 时曲线 $G(j\omega)$ 的起点（图 4-24），才能正确确定开环幅相特性曲线 $G(j\omega)$ 包围点 $(-1,j0)$ 的角度。

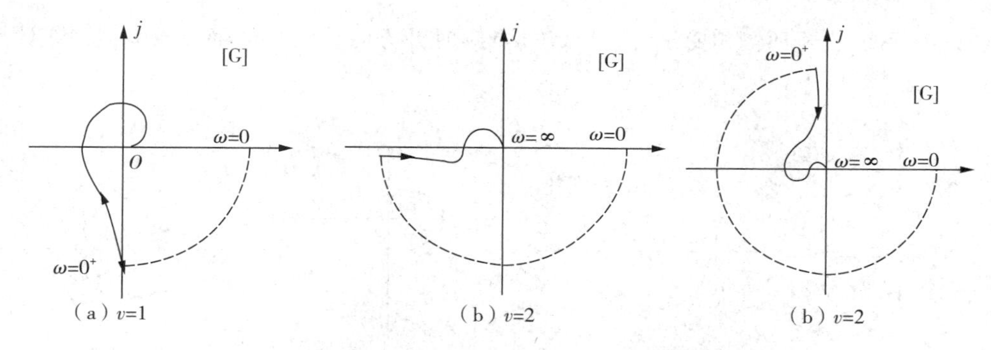

图 4-24　有积分环节的开环幅相特征曲线

采用奈奎斯特稳定判据判断系统闭环是否稳定的步骤如下：

(1) 构造一个包围 s 平面的右半平面的封闭曲线 Γ，如图 4-25 所示。它按顺时针方向包围 s 平面的右半平面，环绕了 $F(s)$ 在 s 平面的右半平面的所有零点和极点。它由 3 部分组成：

① 正虚轴 $s=j\omega(\omega:0\to+\infty)$；

② 半径为无限大的右半圆 $s=Re^{j\theta}\left(R\to+\infty;\theta:+\dfrac{\pi}{2}\to-\dfrac{\pi}{2}\right)$；

③ 负实轴 $s=-j\omega(\omega:-\infty\to 0)$。

(2) 在 $G(s)$ 平面画出对应的奈奎斯特图。

① 奈奎斯特路径的正虚轴 $s=j\omega(\omega:0\to+\infty)$ 部分对应系统开环幅相特性曲线 $G(j\omega)$ 在 $\omega:0\to\infty$ 段的部分。

② 奈奎斯特路径的负虚轴部 $s=-j\omega(\omega:-\infty\to 0)$ 部分对应系统开环幅相特性曲线 $G(j\omega)$ 在 $\omega:-\infty\to 0$ 段的部分，也就是 $\omega:0\to+\infty$ 时 $G(j\omega)$ 曲线关于水平轴线的镜像。

③ 奈奎斯特路径沿半径 $R=+\infty$ 的半圆部分，映射为 $G(j\omega)$ 曲线上 $\omega=+\infty$ 的点（通常是 $G(s)$ 平面的原点）

(3) 由奈奎斯特稳定判据判断系统的闭环稳定性。

例 4-5　4 个单位负反馈系统的开环幅相特性曲线如图 4-25 所示。已知各系统开环右极点数 p，试判断各闭环系统的稳定性。

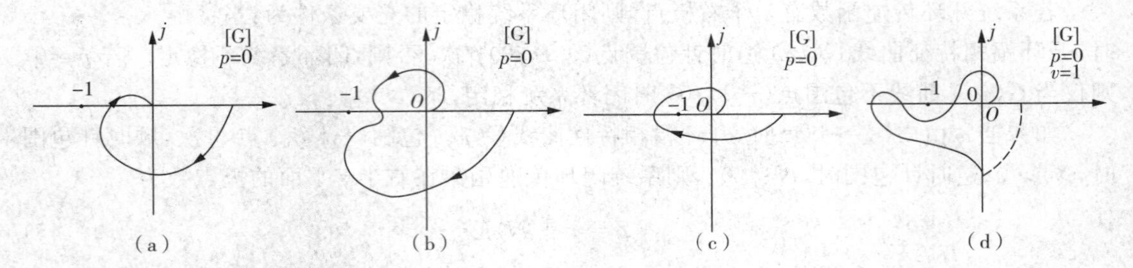

图 4-25　4 个单位负反馈系统的 $G(j\omega)$ 曲线

解：作出各系统当 ω：$-\infty\to+\infty$ 时的开环幅相特性曲线，如图 4-26 所示。

(1)(a)、(b)、(d)3 个系统的开环幅相曲线包围$(-1,j0)$点的次数为 0 次，而且 $p=0$，所以系统闭环稳定。

(2)(c) 系统的开环幅相曲线绕$(-1,j0)$点顺时针方向包围 2 次，而 $p=0$，故系统闭环不稳定。

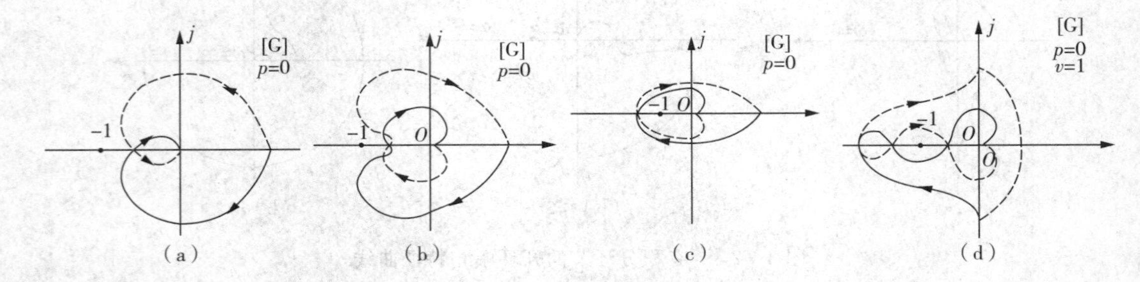

图 4-26　各系统当 ω：$-\infty\to+\infty$ 时的开环幅相特性曲线

4.4.3　对数频率稳定判据

由于绘制开环系统的奈奎斯特图比较麻烦，而且用奈奎斯特图分析稳定性时，系统中某个环节或某些参数的改变对系统稳定性的影响不容易看出来，因此在工程上通常将奈奎斯特判据应用到开环对数频率特性曲线中，以判断闭环系统的稳定性。

若系统开环传递函数有 p 个右极点，则闭环系统稳定的充要条件为：ω 当 $0\to+\infty$ 时，在开环对数幅频特性曲线 $L(\omega)=20\lg|G(j\omega)|>0$ 的范围内，对数相频特性曲线 $\varphi(\omega)$ 对 -180° 线的正穿越（由下向上）和负穿越（由上向下）次数之差为 $p/2$，即 $N_+-N_-=p/2$；否则，闭环系统不稳定。若 $p=0$，则仅当正、负穿越次数相等时闭环系统稳定。

随 ω 的增加，如果开环对数幅相特性曲线 $\varphi(\omega)$ 由下向上穿过 -180° 线（幅角的增量为正）称为正穿越一次；如果开环对数幅相特性曲线 $\varphi(\omega)$ 由上向下穿过 -180° 线（幅角的增量为正），称为负穿越一次。

如果开环传递函数中有 v 个积分环节，则在 $\varphi(\omega)$ 曲线最左端视为 $\omega=0^+$ 处，补作 $v90^\circ$ 虚线段的辅助线。

例 4-6　某两个系统的开环对数幅相特性曲线如图 4-27 所示，$p_1=0$，$p_2=1$，试判断其稳定性。

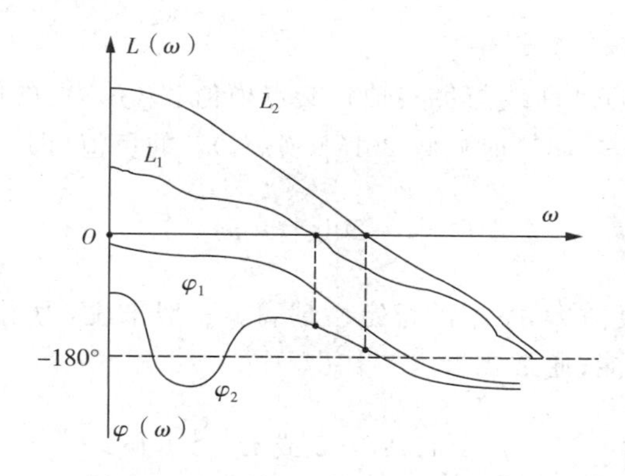

图 4－27　系统的对数幅相特性曲线

解：系统 1 在 $L(\omega)>0$ 的范围内，$\varphi(\omega)$ 对 $-180°$ 线未发生穿越，而 $p_1=0$，所以系统闭环稳定。

系统 2 在 $L(\omega)>0$ 的范围内，$\varphi(\omega)$ 对 $-180°$ 的正、负穿越次数之差为 0，而 $p_2=1$，即 $N_+-N_-\neq p_2/2$，所以系统闭环不稳定。

4.4.4　稳定裕度

奈奎斯特稳定判据不仅能判别系统的稳定性，而且还能指出稳定的程度。后者是奈奎斯特稳定判据的重要优点，有着极为重要的实际意义。在设计一个系统时，不仅要求它必须是稳定的，而且还应该使系统具有一定的稳定度。

系统离开稳定边界的程度说明了系统的相对稳定性。开环幅相曲线越靠近$(-1,j0)$点，系统的相对稳定性就越差。通常以稳定裕度作为衡量闭环系统相对稳定性的定量指标，包括相位稳定裕度 γ 和幅值稳定裕度 h（简称相位裕度和幅值裕度）。

1. 相位裕度的定义和计算方法

相位裕度 γ 是指 $G(j\omega)$ 曲线上模值等于 1（ω 为开环截止频率 ω_c）的矢量与负实轴的夹角（图 4－28）。在对数曲线上，相当于 $20\lg|G(j\omega)|=0$ 处的相频 $\angle G$ 与 $-180°$ 的角差，即

$$\gamma=180°+\angle G \tag{4-46}$$

相位裕度表明在开环截止 ω_c 上使系统达到临界稳定状态所需的相移滞后量。

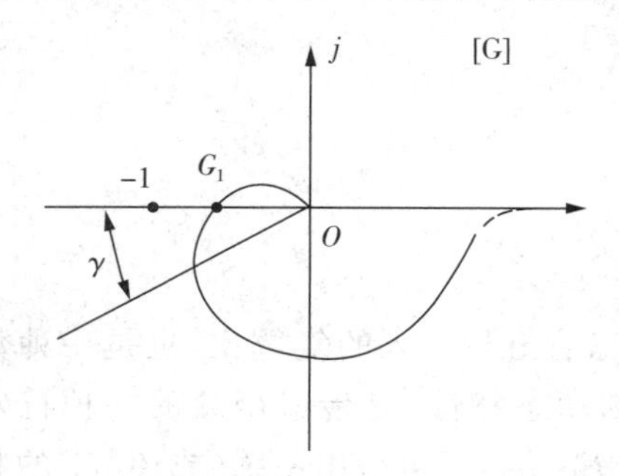

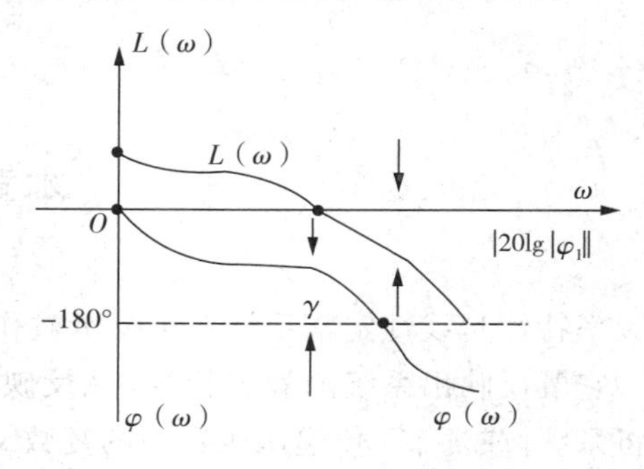

图 4－28　稳定裕度 γ 及 h

2. 幅值裕度的定义和计算方法

幅值裕度 h 是指 $G(j\omega_1)$ 曲线与负实轴相交点模值 $|G(j\omega_1)|$ 的倒数 $1/|G(j\omega_1)|$。在对数曲线上，相当于 $\angle G$ 为 -180° 时幅频 $20\lg|G(j\omega_1)|$ 的负值，即

$$L_h=-20\lg|G(j\omega_1)| \tag{4-47}$$

相位裕度和幅值裕度愈大，系统的稳定性越高。一般来说，为了使系统既有适当的稳定裕度，又有较好的动态性能，通常要求

$$\gamma \geqslant 40^\circ h \geqslant 2 \text{ 或 } L_h \geqslant 6\text{dB} \tag{4-48}$$

例 4-7　某系统如图 4-29 所示。试分析该系统的稳定性并指出相位裕度和幅值裕度。

解：该系统的开环放大倍数为 10，转折频率分别为 $\omega_1=1$，$\omega_2=100$。绘制出开环系统的对数幅相特性曲线如图 4-30 所示。因为系统开环传递函数中有两个积分环节，所以在 $\varphi(\omega)$ 曲线最左端视为 $\omega=0^+$ 处补作两个 -90° 的角度（如虚线段所示）。

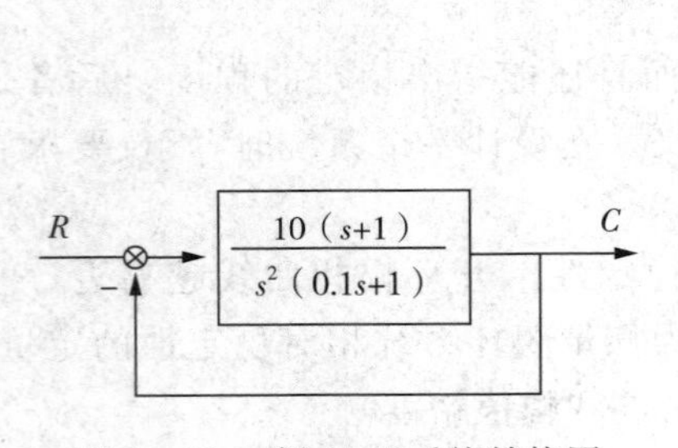

图 4-29　例 4-7 系统结构图

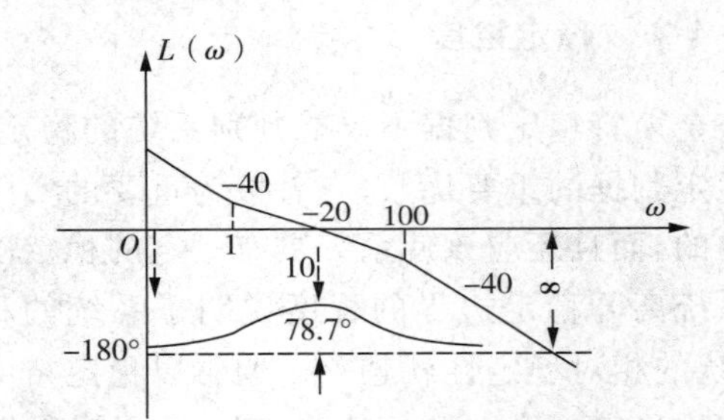

图 4-30　开环系统的对数幅相特性曲线

由图可知，在 $L(\omega)=20\lg|G(j\omega)|>0$ 的范围内，$\angle G$ 没有超越 -180° 线，且 $p=0$，所以闭环稳定。

$$\gamma=180^\circ+\text{actan}10-180^\circ-\arctan 0.1=78.7^\circ$$

$$h\rightarrow\infty$$

本章小结

频率特性是线性定常系统在正弦函数作用下稳态输出与输入的复数比，也是一种数学模型。它既反映出系统的静态特性，又反映出系统的动态特性，是传递函数的一种特殊形式。将系统（或环节）传递函函数中的复数 s 换成纯虚数 $j\omega$，即可得出系统（或环节）的频率特性。

(1) 频率特性图形因其采用的坐标系不同而分为奈奎斯特图和伯德图的形式。各种形式之间是互通的，且每种形式各有其特定的适用场合。例如，利用奈奎斯特图分析闭环系统的稳定性既方便又直观；若要分析某个典型环节的参数变化对系统性能的影响，则伯德图最为直观。

(2) 奈奎斯特稳定判据是用频率特性法分析和设计控制系统的基础，它是根据开环频率特性曲线绕点$(-1,j0)$的情况和 s 右半平面上的极点数来判别对应闭环系统的稳定性。相应地，在对数频率特性曲线上，可采用对数频率稳定判据。

(3) 考虑到系统内部参数和外界变化读系统稳定性的影响，要求控制系统不仅能稳定工作，而且还有足够的稳定裕度。

习　题

4-1　试求下列各系统的幅频特性和相频特性。

(1) $G(s)=\dfrac{2}{(s+1)(2s+1)}$

(2) $G(s)=\dfrac{2}{s(s+1)(2s+1)}$

(3) $G(s)=\dfrac{2}{s^2(s+1)(2s+1)}$

4-2　已知各系统的开环传递函数为

(1) $G(s)=\dfrac{4}{(2s+1)(8s+1)}$

(2) $G(s)=\dfrac{50}{s^2(s^2+s+1)(6s+1)}$

(3) $G(s)=\dfrac{20(3s+1)}{s^2(6s+1)(s^2+4s+25)(10s+1)}$

试绘制各系统的开环极坐标图。

4-3　已知各系统的开环传递函数为

(1) $G(s)=\dfrac{100(2s+1)}{s(5s+1)(s^2+s+1)}$

(2) $G(s)=\dfrac{200}{s^2(s+1)(10s+1)}$

(3) $G(s)=\dfrac{0.8(10s+1)}{s(s^2+s+1)(s^2+4s+25)(s+0.2)}$

试绘制各系统的开环对数幅相特性曲线。

4-4　已知系统开环传递函数，试绘制系统开环极坐标图，并判断其稳定性。

(1) $G(s)=\dfrac{100}{(s+1)(2s+1)}$

(2) $G(s)=\dfrac{250}{s(s+5)(s+15)}$

(3) $G(s)=\dfrac{250(s+1)}{s(s+5)(s+15)}$

(4) $G(s)=\dfrac{0.5}{s(2s-1)}$

4-5　已知系统开环传递函数，试绘制系统开环对数幅相图，并判断稳定性。

(1)$G(s)=\dfrac{100}{s(0.2s+1)}$

(2)$G(s)=\dfrac{100}{(0.2s+1)(s+2)(2s+1)}$

(3)$G(s)=\dfrac{100(s+1)}{s(0.1s+1)(0.5s+1)}$

(4)$G(s)=\dfrac{5(0.5s-1)}{s(0.1s+1)(0.2s-1)}$。

4-6　系统的开环传递函数为

$$G(s)=\frac{K}{s(s+1)(0.2s+1)}$$

(1)$K=1$ 时，求系统的相角裕度；

(2)$K=10$ 时，求系统的相角裕度；

(3) 讨论开环增益的大小对系统相对稳定性的影响。

4-7　设单位反馈控制系统的开环传递函数分别为

$$G(s)=\frac{\tau s+1}{s^2}$$

及

$$G(s)=\frac{K}{(0.01s+1)^3}$$

试确定使系统幅值裕度 γ 等于 45° 的 τ 值及 K 值。

4-8　设单位反馈控制系统的开环传递函数为

$$G(s)=\frac{K}{s(s^2+s+100)}$$

试确定使系统幅值裕度等于 20dB 的 K 值。

4-9　闭环控制系统如图 4-9 所示，试判别其稳定性。

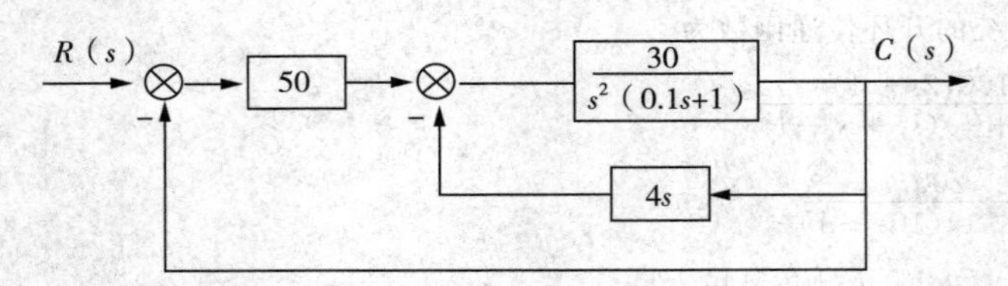

图 4-31　习题 4-9 图

4-10　某控制系统开环传递函数为

$$G(s)=\frac{48(s+1)}{s(8s+1)(0.05s+1)}$$

试求系统开环截止频率 ω_c 及相角裕度 γ。

第5章 系统的校正方法

前面几章主要是在已知系统的结构和参数的情况下讨论系统的性能指标及其与系统参数的关系。根据分析结果我们可以知道系统是否稳定,系统的响应速度是否够快,系统的稳态精度是否够高。如果系统的性能指标不符合控制要求,那么就需要采取相应的措施来改进系统的性能。本章要讲述的问题就是如何采取恰当的措施对原系统进行改进使其满足控制要求,即对系统进行“校正”。

5.1 校正的基本概念

所谓校正,是指当系统的性能指标不能满足控制要求时,通过给系统附加某些新的部件、环节,依靠这些部件、环节的配置来改善原系统的控制性能,从而使系统性能达到控制要求的过程。这些附加的部件、环节称为校正装置。

5.1.1 性能指标

对于一些控制系统而言,之所以需要校正,主要的原因就在于系统的性能指标不符合要求。在工程上,根据不同的工作环境、工作条件以及生产要求,对控制系统的性能要求也相应地有所不同。一般来说,评价控制系统优劣的性能指标有两种体系。

1. 时域指标

时域指标有超调量 $\sigma\%$,调节时间 t_s,在跟踪典型输入(单位阶跃输入、单位斜坡输入和等加速度输入)时的静态误差 e_{ss} 以及静态位置误差系数 K_p、静态速度误差系数 K_v 和静态加速度误差系数 K_a。

2. 频域指标

频域指标有:

(1) 开环频域指标,包括截止频率 ω_c、相位裕度 γ 和幅值裕度 h。

(2) 闭环频域指标,包括闭环谐振峰值 M_r、谐振频率 ω_r 和带宽频率 ω_b(图 5-1)。

ω_b 是指 $M(\omega)$ 衰减至零频幅值 $M(0)$ 的 0.707 倍时的频率。ω_b 越高,则 $M(\omega)$ 曲线从 $M(0)$ 到 $0.707M(0)$ 所占的频率区间就越宽,表明系统跟踪快速变化的信号的能力越强。对于相同频率的输入信号,ω_b 高的系统其响应的失真度越低。但是 ω_b 不能太高,否则会引入过强的噪声干扰。

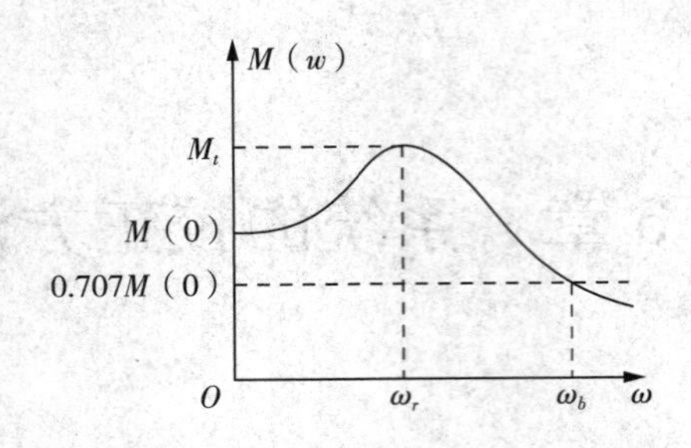

图 5-1　闭环频域指标

5.1.2　校正系统的结构

按照校正装置在系统中的连接方式，控制系统的校正方式可以分为串联校正、反馈校正、前馈校正和复合校正。本章将主要介绍串联校正。

1. 串联校正

串联校正是指校正装置串联在系统前向通道中的校正方式。串联校正的结构如图 5-2 所示，其中 $G_p(s)$ 为控制对象，$G_c(s)$ 为串联校正装置。该校正方式的特点是设计和计算比较简单。比较常用的串联校正装置有超前校正装置、滞后校正装置、滞后-超前校正装置等。

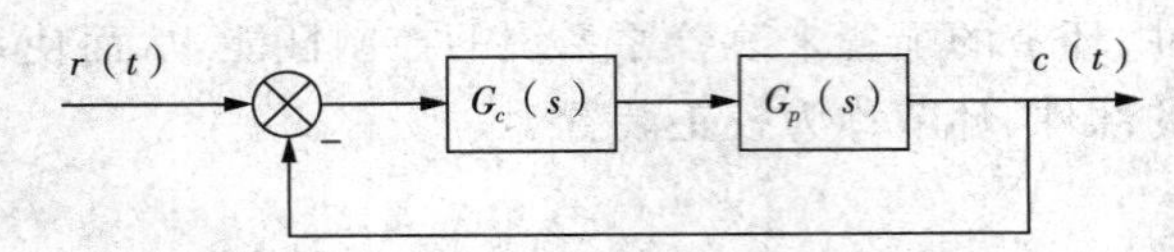

图 5-2　串联校正结构图

2. 反馈校正

反馈校正是指校正装置接在系统局部反馈通道中的校正方式。反馈校正的结构如图 5-3 所示。其中 $G_1(s)$ 和 $G_2(s)$ 是原系统前向通道传递函数，$H(s)$ 是原系统反馈通道传递函数，$G_c(s)$ 为反馈校正装置。反馈校正的设计和计算比串联校正复杂，但是可以获得较特殊的校正效果。

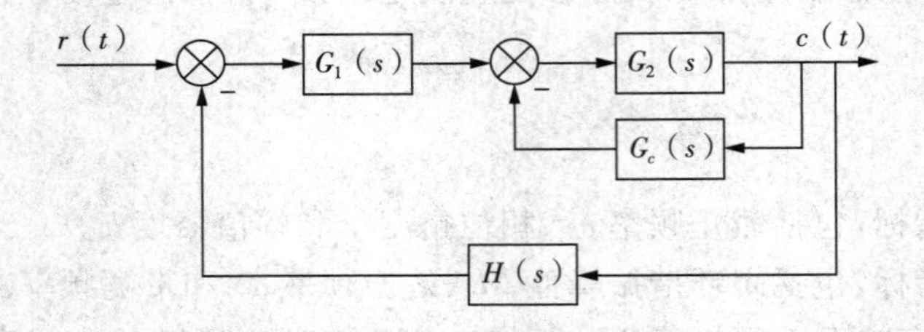

图 5-3　反馈校正结构图

3. 前馈校正

前馈校正是指校正装置处于系统主反馈回路之外采用的校正方式。前馈校正的结构图如图 5-4 所示。其中 $G_1(s)$ 和 $G_2(s)$ 是原系统前向通道传递函数，$G_{c1}(s)$ 和 $G_{c2}(s)$ 是前馈校正装置。前馈校正的作用通常有两种。一种是对参考输入信号进行整理和滤波。在这种情况下，校正装置接在系统参考输入信号之后、主反馈作用点之前的前向通道上，如 $G_{c1}(s)$。另一种作用是对扰动信号进行测量、转换后接入系统，形成一条附加的对扰动影响进行补偿的通道，如 $G_{c2}(s)$。

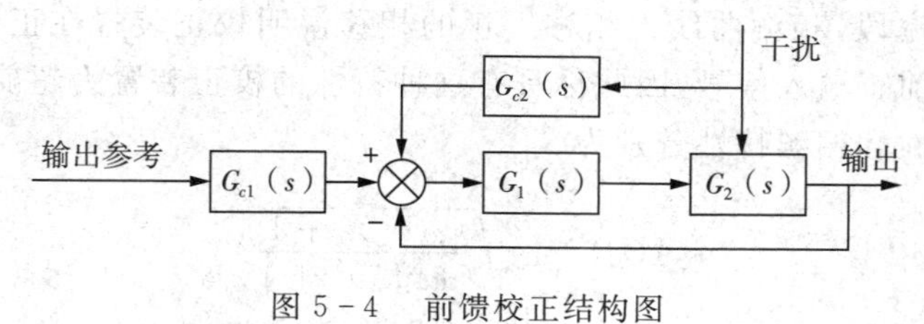

图 5-4 前馈校正结构图

4. 复合校正

复合校正是在系统中同时采用串联校正、反馈校正和前馈校正中两种或三种的一种校正方式。

5.2 串联校正装置的结构、特性和功能

串联校正装置的构成有很多形式，如RC无源网络、有源电子网络等，在工程中通常采用由运算放大器组成的校正装置。

5.2.1 超前校正装置

1. 超前校正装置的结构

图 5-5 所示为一个 *RC* 无源超前校正装置的电路图。

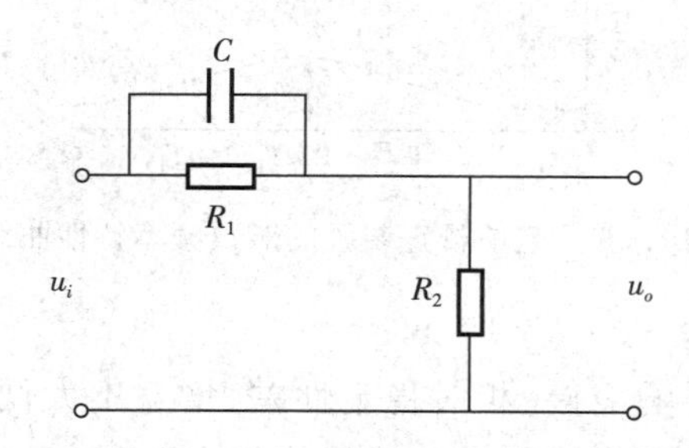

图 5-5 *RC* 无源超前校正装置的电路图

其传递函数为

$$G_c(s)=\frac{U_0(s)}{U_i(s)}=\frac{R_2}{R_1+R_2}\cdot\frac{R_1Cs+1}{\dfrac{R_2}{R_1+R_2}R_1Cs+1} \tag{5-1}$$

令 $\frac{R_2}{R_1+R_2}=\alpha$，则 $\alpha<1$，$R_1C=T_1$，$\frac{R_2}{R_1+R_2}R_1C=\alpha T_1=T_2$，那么

$$G_c(s)=\alpha\frac{T_1 s+1}{\alpha T_1+1}=\alpha\frac{T_1 s+1}{T_2 s+1} \tag{5-2}$$

2. 超前校正装置的特性

对于式(5-2)中的传递函数来说,其对数频率特性曲线如图5-6所示。其对数幅频特性曲线具有正的斜率段,相频曲线正相移。正的相移说明校正装置在正弦信号作用下的稳态响应在相位上超前于输入信号,因此称具有这种特性的校正装置为超前校置。

其对数幅频特性和相频特性分别为

$$A(\omega)=\alpha\sqrt{\frac{(\omega T_1)^2+1}{(\alpha\omega T_1)^2+1}} \tag{5-3}$$

$$\varphi(\omega)=\arctan(\omega T_1)-\arctan(\alpha\omega T_1) \tag{5-4}$$

令 $d\varphi(\omega)/d\omega=0$,则可得超前校正装置的最大超前角为

$$\varphi_m(\omega)=\arcsin\frac{1-\alpha}{1+\alpha} \tag{5-5}$$

且位于两个转折频率的几何中心,即

$$\omega_m=\frac{1}{\sqrt{\alpha}T_1} \tag{5-6}$$

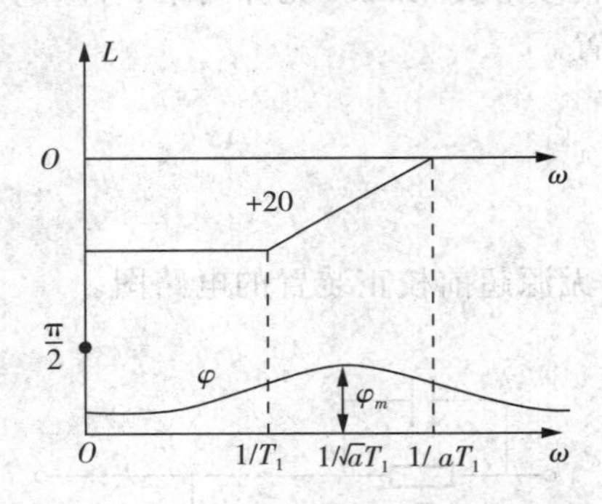

图5-6 超前校正装置的对数频率特性曲线

3. 超前校正装置的功能

超前校正装置一般用在响应慢、相对稳定性差、增益不太低的系统中,但通常不用于0型系统。由于超前校正装置具有正相移和正幅值斜率,因此通过超前校正装置可以改善原系统中频段的斜率,提供超前角以增加相位裕度,从而提高系统的快速性,并改善系统的稳定性。

从超前校正装置的对数频率特性曲线可以看出,超前校正装置相当于一个高通滤波器(低频部分衰减、高频部分通过),它很难改善原系统的低频段特性,且会削弱系统抗高频干扰的能力。如果采用增大开环增益的办法,使低频段上移,则会使原系统的平稳性降低;同时,如果幅频过分上移,还会进一步降低系统抗高频干扰的能力。因此超前校正装置的缺点就是抗高频干扰的能力下降,对提高系统稳态精度的作用不大。

5.2.2　滞后校正装置

1. 滞后校正装置的结构

图 5－7 所示为一个 RC 无源滞后校正装置的电路图。

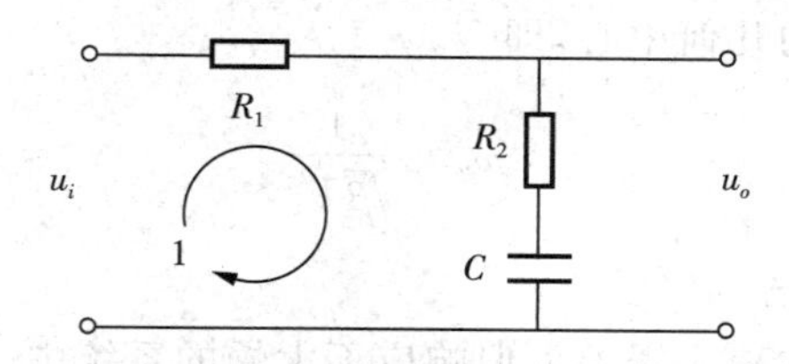

图 5－7　RC 无源滞后校正装置的电路图

其传递函数为

$$G_c(s)=\frac{U_o(s)}{U_i(s)}=\frac{R_2Cs+1}{\dfrac{R_1+R_2}{R_2}R_2Cs+1} \tag{5-7}$$

令 $\dfrac{R_1+R_2}{R_2}=\beta$，则 $\beta>1$，$R_2C=T_1$，$\dfrac{R_1+R_2}{R_2}R_2C=\beta T_1=T_2$，那么

$$G_c(s)=\frac{T_1s+1}{\beta T_1s+1}=\frac{T_1s+1}{T_2s+1} \tag{5-8}$$

2. 滞后校正装置的特性

对于式(5－8)的传递函数来说，其对数频率特性曲线如图 5－8 所示。其对数幅频特性曲线具有负的斜率段，相频曲线具有负相移。负的相移说明校正装置在正弦信号作用下的稳态响应在相位上落后于输入信号，因此称具有这种特性的校正装置为滞后校正装置。

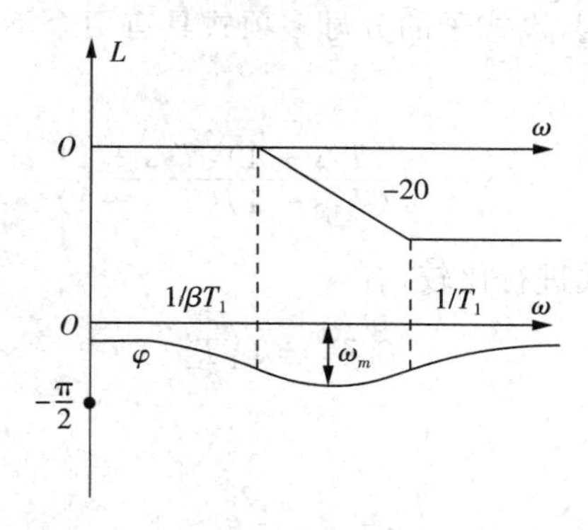

图 5－8　滞后装置的对数频率特征曲线

其对数幅频特性和相频特性分别为

$$A(\omega)=\sqrt{\frac{(\omega T_1)^2+1}{(\beta\omega T_1)^2+1}} \tag{5-9}$$

$$\varphi(\omega)=\arctan(\omega T_1)-\arctan(\beta\omega T_1) \tag{5-10}$$

令 $d\varphi(\omega)/d\omega=0$,则可得超前校正装置的最大超前角为

$$\varphi_m(\omega)=\arcsin\frac{1-\beta}{1+\beta} \tag{5-11}$$

且位于两个转折频率的几何中心,即

$$\omega_m=\frac{1}{\sqrt{\beta}T_1} \tag{5-12}$$

3. 滞后校正装置的功能

滞后校正装置一般用在稳态误差大但响应不太慢的系统中。由于滞后校正装置具有负相移和负幅值斜率,因此通过滞后校正装置可以使原系统的幅值得以压缩。从而使得可以通过增大开环增益的办法来提高原系统的稳态精度,同时也能提高系统的稳定裕度。

从滞后校正装置的对数频率特性曲线可以看出,滞后校正装置相当于一个低通滤波器(低频部分通过,高频部分衰减)滞后校正装置的主要作用是造成高频衰减,因此在原系统中串入滞后校正装置后,系统幅频特性在中高频段会降低,减小了系统的频宽。同时,系统的截止频率也会减小,所以滞后校正装置的缺点是降低了系统的快速性。

5.2.3 滞后-超前校正装置

1. 滞后-超前校正装置的结构

图 5-9 所示为一个 RC 无源滞后-超前校正装置的电路图。

其传递函数为

$$G_c(s)=\frac{U_0(s)}{U_i(s)}=\frac{(R_1C_1s+1)(R_2C_2s+1)}{(R_1C_1s+1)(R_2C_2s+1)+R_1C_1} \tag{5-13}$$

令 $R_1C_1=T_1$,$R_2C_2=T_2$,设式子的分母多项式具有两个不相等的负实根,则可将式(5-13)写成

$$G_c(s)=\frac{(T_1s+1)(T_2s+1)}{(T_1's+1)(T_2's+1)} \tag{5-14}$$

将式的分母展开,并与式进行比较,有

$$T_1T_2=T_1'T_2' \tag{5-15}$$

设

$$\frac{T_1'}{T_1}=\frac{T_2}{T_2'}=\beta>1 \tag{5-16}$$

且 $T_1>T_2$,则

$$T_1'=\beta T_1>T_1>T_2$$

$$T_2'=\frac{T_2}{\beta}<T_2$$

即

$$T_1' > T_1 > T_2 > T_2' \tag{5-17}$$

那么，式可改写为

$$G_c(s)=\frac{T_1s+1}{T_1's+1}\cdot\frac{T_2s+1}{T_2's+1} \tag{5-18}$$

与超前校正装置和滞后校正装置比较可知，式中前一部分为滞后校正，后一部分为超前校正。

2. 滞后-超前校正装置的特性

对于式(5-18)中的传递函数来说，其对数频率特性曲线如图5-9所示。对数幅频特性曲线的低频部位具有负斜率、负相移、起滞后校正作用，高频部位具有正斜率、正相移、起超前校正作用。

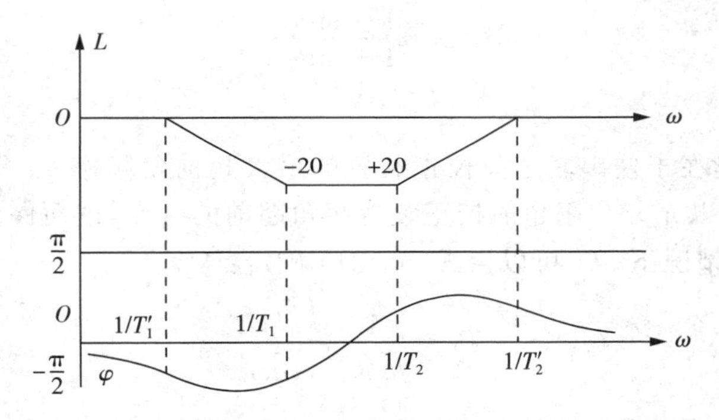

图5-9　滞后-超前校正装置的对数频率特性曲线

3. 滞后-超前校正装置的功能

滞后-超前校正装置一般用在响应慢且稳态精度低的系统中。对于滞后-超前校正装置而言，要将滞后效应设置在低频段，超前效应设置在中频段，以发挥滞后校正和超前校正的优势，从而全面提高系统的动态和稳态精度。

5.3　串联校正的频率响应设计法

由前述内容我们知道，频率响应的低频段反映系统的稳态精度，中频段反映系统的稳定性和快速性，高频段反映系统抗高频干扰的能力。超前校正可以改善系统的稳定性和快速性，所以加在频率特性的中频段，滞后校正可以改善系统的稳态精度，加在频率特性的低频段。下面将介绍串联校正的频率响应设计法。

5.3.1　串联超前校正

串联超前校正的基本原理是利用超前校正装置相角超前的特性改善系统中频段的幅频斜率，从而改善系统的稳定性和快速性。只要正确地选择超前校正装置的参数α及T_1，就可以使被校正系统的截止频率和相角裕度满足性能要求，从而改善系统的相对稳定性和快速性。

利用频率响应法设计超前校正装置的步骤如下：

(1) 根据系统的稳态误差要求，确定系统的开环增益 K。

(2) 在步骤(1) 的基础上计算未校正系统的相角裕度 γ。结合性能指标要求的相角裕度 γ' 判断是否需要采用超前校正。如果 $\gamma' < \gamma$，则不适合采用超前校正。

(3) 根据性能指标要求的截止频率 ω_c'，计算超前校正装置的参数 α、T_1，计算方法如下：

① 根据性能指标要求的相角裕度 γ' 和未矫正的相角裕度 γ，确定超前校正装置的最大超前角 φ_m：

$$\varphi_m = \gamma' - \gamma + (5^\circ \sim 12^\circ) \tag{5-19}$$

② 根据 φ_m 求 α：

$$\alpha = \frac{1 - \sin\varphi_m}{1 + \sin\varphi_m} \tag{5-20}$$

③ 根据 α 求 T_1。

超前校正的关键在于使串联超前校正装置的最大超前角频率 ω_m 等于性能指标要求的截止频率 ω_c'，从而可以充分利用超前校正装置相角超前的特点，进而保证系统的快速性。所以在 ω_c' 已经给定的情况下，T_1 可以由式(5-21) 确定：

$$T_1 = \frac{1}{\sqrt{\alpha}\omega_m} = \frac{1}{\sqrt{\alpha}\omega_c'} \tag{5-21}$$

如果性能指标要求的截止频率 ω_c' 并不是给定的，那么就应该首先去确定 ω_c' 的大小，因为要使 $\omega_c' = \omega_m$，就意味着校正后的系统的对数幅频特性曲线在 ω_m 处穿过横轴。

$$L(\omega_m) + L_c(\omega_m) = L(\omega_m) + 20\lg(\frac{1}{\sqrt{\alpha}}) = 0 \tag{5-22}$$

由式(5-22) 解出 ω_m，带入到式(5-21)，即可得出 T_1。

(4) 验算校正后的系统的相角裕度 $\gamma*$。

例 5-1　已知一单位负反馈的开环传递函数为 $G(s) = \dfrac{200}{s(0.1s+1)}$，试设计一个无源校正装置，使校正后系统的相角裕度 $\gamma' > 45^\circ$，$\omega_c' \geqslant 50\text{rad/s}$。

解：(1) 求 γ

由于

$$A(\omega) = \frac{200}{\omega\sqrt{(0.1\omega)^2 + 1}}$$

令 $A(\omega) = 1$，则可得

$$\omega_c = 44.7$$

因此

$$\gamma = 180° - 90° - \arctan(0.1\omega_c) = 12.6°$$

因为 $\gamma < \gamma'$，所以可以采用超前校正来改善系统性能。

(2) 求 φ_m

$$\varphi_m = \gamma' - \gamma + (5° \sim 12°)$$

取 $\varphi_m = \gamma' - \gamma + 10°$ 则 $\varphi_m = 45° - 12.6° + 10° = 42.4°$。

(3) 求 α、T_1

$$\alpha = \frac{1 - \sin\varphi_m}{1 + \sin\varphi_m} = \frac{1 - \sin 42.4°}{1 + \sin 42.4°} = 0.2$$

$$T_1 = \frac{1}{\sqrt{\alpha}\omega_m} = \frac{1}{\sqrt{\alpha}\omega'_m} = \frac{1}{50\sqrt{0.2}} = 0.045$$

所以，超前校正装置为

$$G_c(s) = \frac{0.045s + 1}{0.009s + 1}$$

(4) 验算 $\gamma*$

$$\gamma* = 180° - 90° - \arctan(0.1\omega'_c) + \varphi_m = 53.5° > 45°$$

满足性能要求。

故校正后的系统的开环传递函数为

$$G'(s) = \frac{200(0.045s + 1)}{s(0.1s + 1)(0.009s + 1)}$$

5.3.2　串联滞后校正

串联滞后校正的基本原理是由于滞后校正装置具有负相移和负幅值斜率，因此通过滞后校正装置可以使原系统的幅值得以压缩，从而使得可以通过增大开环增益的办法来提高原系统的稳态精度，同时也能提高系统的稳定裕度。利用频率响应法设计滞后校正装置的步骤如下：

(1) 根据系统的稳态误差要求，确定系统的开环增益 K。

(2) 在步骤(1) 的基础上计算未校正系统的相角裕度 γ、幅值裕度 L_h。

(3) 结合性能指标要求的相角裕度 γ'，选择校正后的截止频率 ω'_c，使其满足

$$180° + \varphi(\omega'_c) = \gamma' + (5° \sim 12°) \tag{5-23}$$

(4) 根据 ω'_c 确定 β，使其满足

$$L(\omega'_c) + L_c(\omega'_c) = L(\omega'_c) - 20\lg\beta = 0 \tag{5-24}$$

(5) 计算 T_1。由于采用滞后校正装置，为避免相位滞后造成的不利影响，因此滞后校正装置的两个转折频率都应该远小于系统校正后的截止频率，通常取 $1/T_1 = 0.1\omega'_c$。

(6) 验算系统校正后的相角裕度和幅值裕度。

例 5-2　已知一单位负反馈系统的开环传递函数为

$$G(s)=\frac{K}{s(s+1)(0.5s+1)}$$

试设计一个串联的校正装置，使校正后系统在单位斜坡输入 $e_{ss}\leqslant 0.1,\gamma'\geqslant 40^{\circ}$，$L_h\geqslant 10\text{dB}$。

解:(1) 求 K

因为系统是 1 型系统，所以

$$e_{ss}=\frac{1}{K}\leqslant 0.2$$

故 K 取 5 即可满足稳态指标要求，所以原系统开环传递函数为

$$G(s)=\frac{5}{s(s+1)(0.5s+1)}$$

(2) 求未校正系统的相角裕度 γ、L_h

原系统的幅频特性和相频特性分别为

$$A(\omega)=\frac{5}{\omega\sqrt{\omega^2+1}\cdot\sqrt{0.25\omega^2+1}}$$

$$\varphi(\omega)=-90^{\circ}-\arctan(\omega)-\arctan(0.5\omega)$$

① 令 $A(\omega)=1$，即

$$\frac{5}{\omega\sqrt{\omega^2+1}\cdot\sqrt{0.25\omega^2+1}}=1$$

得 $\omega_c\approx 2.15$，所以 $\gamma=180^{\circ}-90^{\circ}-\arctan 2.15-\arctan 1.1=-22.8^{\circ}$。

② 令 $\varphi(\omega)=-180^{\circ}$，即

$$\varphi(\omega)=-90^{\circ}-\arctan(\omega)-\arctan(0.5\omega)=-180^{\circ}$$

得 $\omega\approx 1.4$，则 $L_h=-20\lg|G(1.4)|=-4.6\text{dB}$。

由于相角裕度和幅值裕度都小于 0，说明系统不稳定，因此采用之后校正。

(3) 求 ω_c'

令 $-180^{\circ}+\varphi(\omega_c')=\gamma'+10^{\circ}=50^{\circ}$ 解得 $\omega_c'=0.5$。

(4) 根据 ω_c' 确定 β，使其满足

$$L(\omega_c')+L_c(\omega_c')=L(\omega_c')-20\lg\beta=0$$

解得 $\beta=10$。

(5) 计算 T_1

取

$$\frac{1}{T_1}=0.2\omega_c'$$

解得 $T_1=10$,故滞后校正装置的传递函数为

$$G_c(s)=\frac{10s+1}{100s+1}$$

(6) 验算系统校正后的相角裕度和幅值裕度

经计算得校正后系统的相角裕度为 40°,幅值裕度为 11dB,所以校正后系统的开环传递函数为

$$G'(s)=\frac{5(10s+1)}{s(s+1)(0.5s+1)(100s+1)}$$

5.3.3　串联滞后-超前校正

串联滞后-超前校正具有滞后、超前两种校正的优点。它利用超前校正部分提高相位裕度。利用滞后部分调整系统的稳态性能。其设计步骤如下:

(1) 根据系统的稳态误差要求,确定系统的开环增益 K。

(2) 在步骤(1) 的基础上计算未校正系统的相角裕度 γ' 和幅值裕度 L_h。

(3) 选择未校正系统的对数幅频特性曲线的斜率从 -20dB/dec 变为 -40dB/dec 的转折频率作为校正网络超前部分的转折频率。

(4) 根据响应速度的要求,计算出校正后系统的截止频率 ω_c' 和校正网络的衰减因子 α。

(5) 根据对校正后系统相角裕度的要求,估算校正网络滞后部分的转折频率。

(6) 验算各性能指标。

5.4　几种基本的控制规律

在工业控制过程中,经常采用的校正装置大多由比例、微分、积分单元组成,包括比例控制(P 控制)、比例+微分控制(PD 控制)、比例+积分控制(PI 控制)、比例+积分+微分控制(PID 控制) 等几种。

5.4.1　比例控制(P 控制)

具有比例控制规律的控制器称为比例控制器(P 控制器),其传递函数为

$$G_c(s)=K_P \tag{5-25}$$

如图 5－10 所示，比例控制器实际上相当于一个放大器，其作用是调整系统的开环比例系数，减小系统的稳态误差，提高系统的快速性。但是它会影响系统的稳定性，有时会导致系统的稳定性下降。因此，在实际的工业控制过程中通常并不单独使用比例控制器来校正系统的性能。

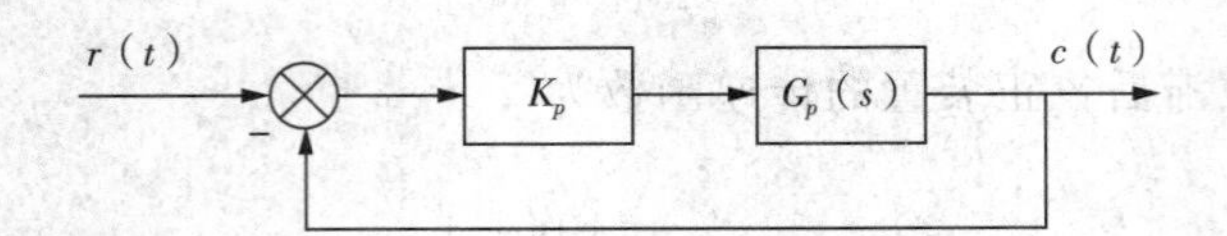

图 5－10　具有比例控制器的控制系统

5.4.2　比例＋微分控制(PD 控制)

具有比例＋微分控制规律的控制器称为比例＋微分控制器(PD 控制器)，其传递函数为

$$G_c(s)=K_P(1+T_Ds) \tag{5-26}$$

具有比例＋微分控制器的控制系统如图 5－11 所示。从式(5－26)可知，比例＋微分控制器的输出信号同比例地反映输入误差信号及其微分。其中，微分控制部分只在动态过程中起用，所以通常微分控制总是和其他控制单元配合使用。

由于存在微分控制，所以比例＋微分控制器的作用实际上相当于超前校正，可以提高系统的稳定性，加快系统的响应速度。因为

$$L_c(\omega)=20\lg K_P+20\lg\sqrt{(T_D\omega)^2+1} \tag{5-27}$$

$$\varphi(\omega)=\arctan(T_D\omega) \tag{5-28}$$

从式(5－27)和式(5－28)可以看出，比例＋微分控制器的对数幅频特性具有正的斜率，其相频特性具有正的相移，所以比例＋微分控制器本质上相当于超前校正装置。

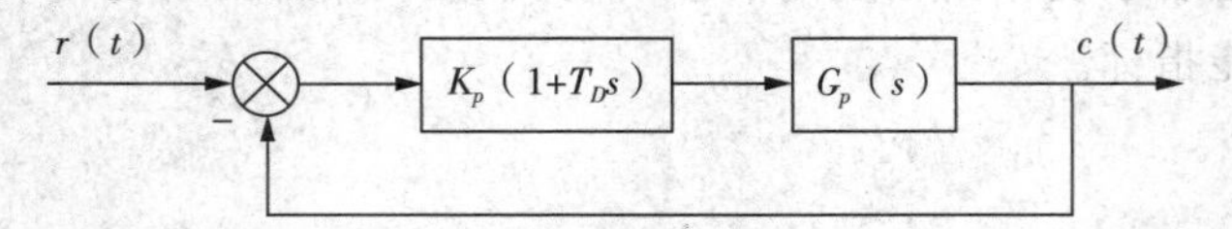

图 5－11　具有比例＋微分控制器的控制系统

5.4.3　比例＋积分控制(PI 控制)

具有比例＋积分控制规律的控制器称为比例＋积分控制器(PI 控制器)，其传递函数为

$$G_c(s)=K_P(1+\frac{1}{T_Is})=K_P\,\frac{T_Is+1}{T_Is} \tag{5-29}$$

具有比例＋积分控制器的控制系统如图 5－12 所示。从式(5－29)可知，比例＋积分控制器的输出信号同比例地反映输入误差信号及其积分。比例＋积分控制器不仅引进了一个积分环节，同时引进了一个开环零点。引进积分环节可以提高系统的类别，改善系统的稳态

性能。但同时会降低系统的稳定性;而引进的开环零点恰好可以弥补引进的积分环节的缺点,改善系统的稳定性。可见比例＋积分控制器不仅可以改善系统的稳态性能,而且对系统的稳定性影响很小。

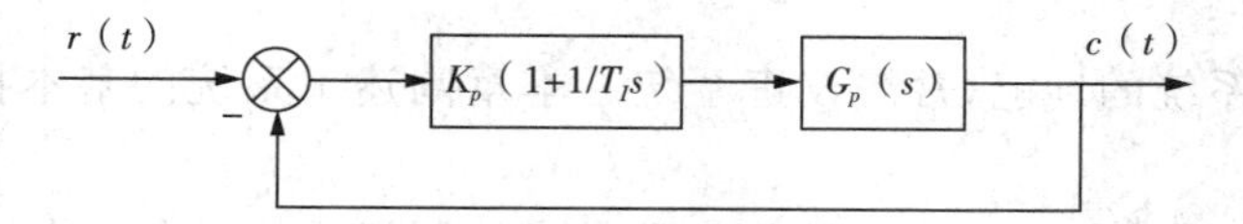

图 5-12　具有比例＋积分控制器的控制系统

由于存在积分控制 K,所以比例＋积分控制器的作用实际上相当于滞后校正。因为

$$L_c(\omega)=20\lg K_P+20\lg\sqrt{(T_I\omega)^2+1}-20\lg T_I\omega \tag{5-30}$$

$$\varphi_c(\omega)=\arctan(T_I\omega)-90^\circ \tag{5-31}$$

从式(5-30)和式(5-31)可以看出,比例＋积分控制器的对数幅频特性引进了负的斜率,其相频特性具有负的相移,所以比例＋积分控制器本质上相当于滞后校正装置。

5.4.4　比例＋积分＋微分控制(PID 控制)

具有比例＋积分＋微分控制规律的控制器称为比例＋积分＋微分控制器(PID 控制器),其传递函数为

$$G_c(s)=K_P(1+T_Ds+\frac{1}{T_Is})=K_P\frac{T_DT_Is^2+T_Is+1}{T_Is}=K_P\frac{(T_1s+1)(T_2s+1)}{T_Is} \tag{5-32}$$

当$\frac{4T_D}{T_I}<1$时,

$$T_1=\frac{T_I}{2}(1+\sqrt{1-\frac{4T_D}{T_I}}),T_2=\frac{T_I}{2}(1-\sqrt{1-\frac{4T_D}{T_I}}) \tag{5-33}$$

具有比例＋积分控制器的控制系统如图 5-13 所示。从式可知,比例＋积分＋微分控制器不仅引进了一个积分环节,同时引进了两个负开环零点。引进积分环节可以提高系统的型别,改善系统的稳态性能,但同时会降低系统的稳定性;而引进的两个负开环零点不仅可以弥补引进的积分环节的缺点,改善系统的稳定性,而且相对于比例加积分控制而言,还可以进一步提高系统的动态性能。因此,控制器在控制系统中应用十分广泛。由于既存在积分控制又存在微分控制,因此比例＋积分＋微分控制器的作用实际上相当于滞后-超前校正。

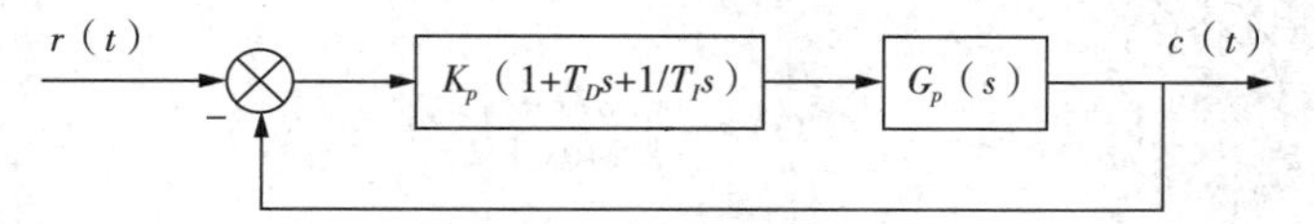

图 5-13　具有比例＋积分＋微分控制器的控制器系统

本章小结

为了改善控制系统的性能，常需校正系统。本章阐述了系统的基本控制规律及特性校正的原理和方法。

(1) 线性系统的基本控制规律。应用这些基本控制规律的组合构成校正装置，附加在系统中，可以达到校正系统特性的目的。

(2) 无论用何种方法设计校正装置，都表现为修改描述系统运动规律的数学模型的过程。

(3) 正确地将提供基本控制(比例、积分和微分控制)的功能的校正装置引入系统是实现极点配置或滤波特性匹配的有效手段。

用本章所介绍的方法设计校正装置的过程必然是一个反复试探的过程，为减少设计人员繁琐重复的工作，可利用计算机辅助设计控制系统的校正装置。

习　题

5-1　有源校正装置和无源校正装置有何不同特点？在实现校正规律时，它们的作用是否相同？

5-2　进行校正的目的是什么？为什么不能用改变系统开环增益的办法来实现？

5-3　如果 1 型系统在校正后希望成为 2 型系统，应该采用哪种校正规律才能保证系统稳定？

5-4　串联超前校正为什么可以改善系统的暂态性能？

5-5　在什么情况下进行串联滞后校正可以改善系统的相对稳定性？

5-6　为了抑制噪声对系统的影响，应该采用哪种校正装置？

5-7　超前校正装置的传递函数分别为

(1)$G_1(s) = 0.2(\frac{s+1}{0.2s+1})$　　(2)$G_2(s) = 0.3(\frac{s+1}{0.3s+1})$

绘制它们的伯德图，并进行比较。

5-8　滞后校正装置的传递函数分别为

(1)$G_1(s) = \frac{s+1}{4s+1}$　　(2)$G_2(s) = \frac{s+1}{10s+1}$

绘制它们的伯德图，并进行比较。

5-9　控制系统的开环传递函数为

$$G_c(s) = \frac{10}{s(0.5s+1)(0.1s+1)}$$

(1) 绘制系统的对数频率曲线，并求相角裕度。

(2) 如采用传递函数为

$$G_c(s) = \frac{0.37s+1}{0.049s+1}$$

的串联超前校正装置，绘制校正后系统的对数频率曲线，求出校正后的相角裕度，并讨论校正后系统的性能有何改进。

5-10　已知单位反馈系统的开环传递函数为

$$G(s)=\frac{K}{s(s+1)(0.01s+1)}$$

设计校正装置，使系统在单位斜坡输入 $R(t)=t$ 作用下，稳态误差 $e_{ss}\leqslant 0.0625$，校正后的相位裕度 $\gamma'\geqslant 45^\circ$，截止频率 $\omega_c'\geqslant 2\text{rad/s}$。

5-11　已知单位反馈系统的开环传递函数为

$$G(s)=\frac{4K}{s(s+2)}$$

试设计串联校正装置，使系统满足：

(1) 在单位斜坡输入 $R(t)=t$ 的作用下，稳态误差 $e_{ss}\leqslant 0.05$。

(2) 相位裕度 $\gamma'\geqslant 45^\circ$，截止频率 $\omega_c'\geqslant 10\text{rad/s}$。

5-12　已知单位反馈系统的开环传递函数为

$$G(s)=\frac{4}{s(2s+1)}$$

设计一个串联滞后校正装置，使系统的相角裕度 $\gamma'\geqslant 40^\circ$，并保持原有的开环增益。

第 6 章　线性离散系统的分析与综合

近年来，随着数字计算机，特别是微型计算机在控制系统中的广泛应用，数字控制系统已屡见不鲜了。基于工程上的需要，作为分析与综合数字控制系统的基础理论，离散系统理论的发展是十分迅速的，因此，深入研究离散系统理论，掌握分析与综合数字控制系统的基础理论与基本方法，从控制工程特别是从计算机控制工程角度来看，是迫切需要的。因此，本章基于离散系统理论，简要介绍应用变换方法分析与综合线性离散系统的基本理论基本概念与基本方法。

6.1　采样过程

目前，离散系统最广泛的应用形式是以计算机，特别是以微型数字计算机为控制器的所谓数字控制系统。也就是说，数字控制系统是以一种以数字计算机为控制器去控制具有连续工作状态的被控对象的闭环控制系统。因此，数字控制系统包括工作于离散状态下的数字计算机和工作于连续状态下的被控对象两大部分。数字控制系统的方框图如图 6 - 1 所示，从图 6-1(a) 看到，首先，数字控制系统对连续的偏差信号 $\varepsilon(t)$ 进行采样；其次，通过模数 (A/D) 转换器把采样脉冲变成数字信号送给数字计算机；再次，数字计算机根据这些数字信号按预定的控制规律进行运算；最后，通过数模转换器(D/A) 及保持器把运算结果转换成模拟量 $m(t)$ 去控制具有连续工作状态的被控对象，以使被控对象 $c(t)$ 满足指标要求。图 6 - 1(b) 是图 6-1(a) 的简化，其中数字控制器在一般情况下由 A/D 转换器、数字计算机及 D/A 转换器构成。

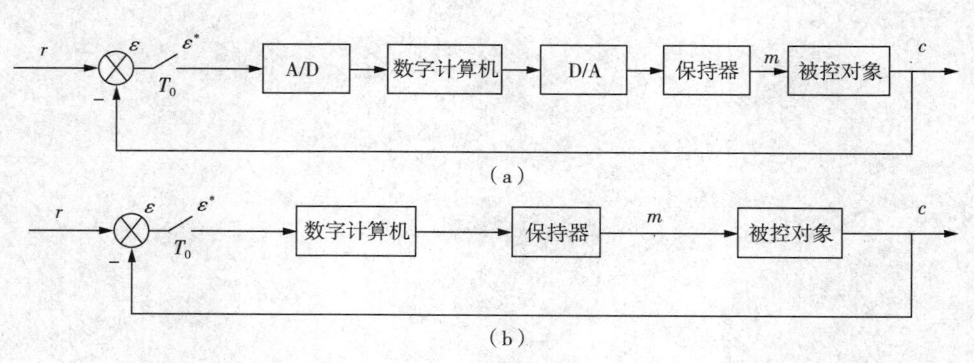

图 6 - 1　数字控制系统方框图

采样开关经一定时间 T_0 重复闭合，每次闭合时间为 h，且有 $h < T_0$，其中 T_0 称为采样周期。采样周期的倒数 $f_s = \dfrac{1}{T_0}$ 称为采样频率，而 $\omega_s = \dfrac{2\pi}{T_0}$ 称为采样角频率，量纲为 rad/s。

连续时间函数经采样开关采样后变成重复周期等于采样周期 T_0 的时间序列，如图 6-2(a) 所示。采样时间序列也称采样脉冲序列，这种脉冲序列是在时间上离散，而在幅值上连续的信号，属于离散模拟信号，用在相应连续时间函数上打 * 号来表示，如图 6-2(a) 中的 $\varepsilon_h^*(t)$。将连续时间函数通过采样开关的采样而变成脉冲序列的过程，称为采样过程。

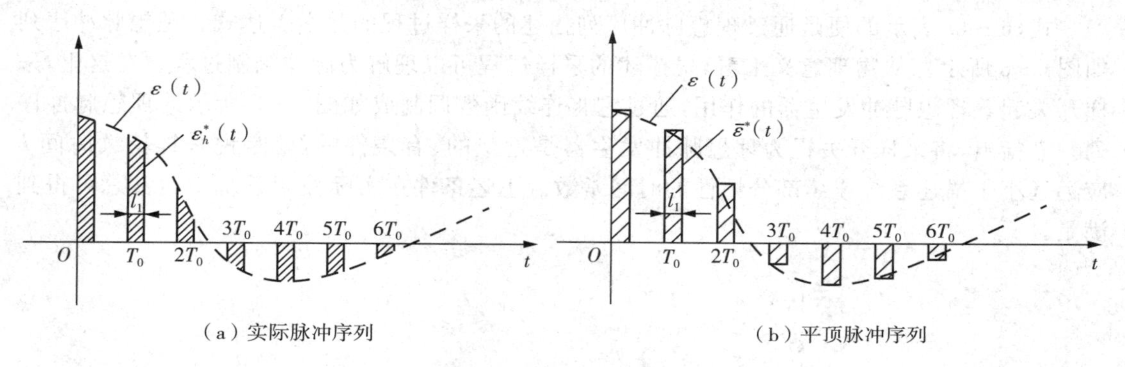

(a) 实际脉冲序列　　(b) 平顶脉冲序列

图 6-2　采样时间序列

为了对数据控制系统进行定量分析，需要导出描述采样过程的数学表达式。图 6-2(a) 所示的实际脉冲序列 $\varepsilon_h^*(t)$ 可通过下列数学表达式来描述，即

$$\varepsilon_h^* = \sum_{n=0}^{\infty} \varepsilon(nT_0 + \Delta t) \quad 0 < \Delta t \leqslant h \tag{6-1}$$

在实际应用中，图 6-2(a) 所示实际脉冲的持续时间 h 通常远小于采样周期 T_0。因此，图 6-2(a) 所示的实际脉冲序列可近似用图 6-2(b) 所示平顶脉冲序列

$$\bar{\varepsilon}^* = \sum_{n=0}^{\infty} \varepsilon(nT_0) \cdot \frac{1}{h} \cdot [1(t - nT_0) - 1(t - nT_0 - h)] \tag{6-2}$$

其中 $\dfrac{1}{h} \cdot [1(t-nT_0)-1(t-nT_0-h)]$ 表示发生在 nT_0 时刻的单位脉冲强度（即面积等于 1 的脉冲），而 $\varepsilon(nT_0) \cdot \dfrac{1}{h} \cdot [1(t-nT_0)-1(t-nT_0-h)]$ 则表示发生在 nT_0 时刻强度为 $\varepsilon(nT_0)$ 的脉冲。当脉冲持续时间 h 远远小于采样周期 T_0，同时也远远小于用以描述数字控制系统中具有连续工作连续部分惯性的时间常数时，在实际分析中，可近似认为脉冲持续时间 h 趋于零，从而式所描述的脉冲序列便可看成是强度为 $\varepsilon(nT_0)$ $(n=0,1,2,\cdots)$，宽度为无限小的窄脉冲序列。这种窄脉冲序列可借助于数学上的 δ 函数来描述，即

$$\varepsilon_h^* = \sum_{n=0}^{\infty} \varepsilon(nT_0)\delta(t - nT_0) \tag{6-3}$$

式(6-3) 中，$\delta(t - nT_0)$ 表示发生在 $t = nT_0$ 时刻的具有单位强度的理想脉冲，即

$$\begin{cases}\delta(t-nT_0)=\begin{cases}\infty, t=nT_0\\0, t\neq nT_0\end{cases}\\ \int_{-\infty}^{+\infty}\delta(t-nT_0)\mathrm{d}t=1\end{cases} \tag{6-4}$$

它的作用在于指出脉冲存在的时刻 $nT_0(n=0,1,2,\cdots)$，而脉冲强度则由 nT_0 时刻的连续函数 $\varepsilon(nT_0)$ 来确定。

式(6-4)表示的便是通过理想脉冲序列描述的采样过程的数学表达式。理想脉冲序列如图 6-3 所示。从物理意义来看，式描述的采样过程可以理解为脉冲调制过程。在这里，采样开关起着理想脉冲发生器的作用，通过它将连续函数调制成如图 6-3 所示的理想脉冲序列。需指出，将采样开关视为理想脉冲发生器是近似的、有条件的，就是说采样持续时间 h 应远远小于描述系统连续部分惯性的时间常数。上述条件在实际控制系统中通常总可得到满足。

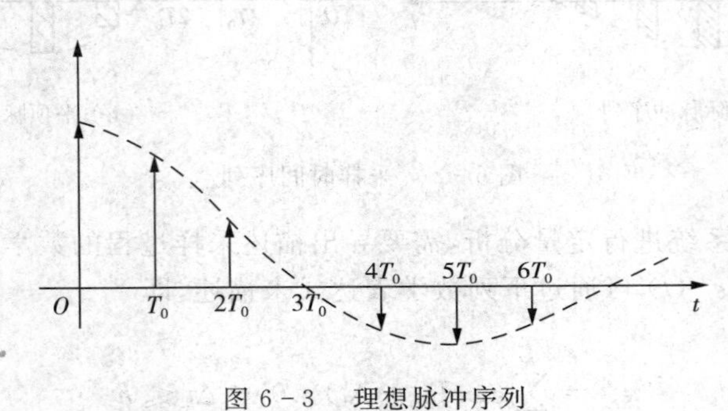

图 6-3　理想脉冲序列

6.2　采样周期的选择

6.2.1　采样定理

采样定理也称香农定理，其结论如下：

如果采样角频率 ω_s（或频率 f_s）大于或等于 $2\omega_m$（或 $2f_m$），即

$$\omega_s \geqslant 2\omega_m \tag{6-5}$$

式(6-5)中，ω_m（或 f_m）是连续信号频谱的上限频率，见图 6-4，则径采样得到的脉冲序列能无失真地恢复为原来的连续信号。

从物理意义上来理解采样定理，那就是如果选择这样一个采样频率，使得对连续信号所含的最高频率来说，能做到在某一个周期内采样两次以上，则在径采样获得的脉冲序列中将包含连续信号的全部信息。反之，如果采样次数太少，即采样周期太长，那就做不到无失真地再现原连续信号。

应当指出，采样定理只是给出了一个选择采样周期 T_0 或采样频率 $f_s(\omega_m)$ 的指导原则。

它给出的是由采样脉冲序列无失真地再现原连续信号所允许的最大采样周期，或最低采样频率(即采样频率的下限)，在控制工程实践中，一般总是取 $\omega_s > 2\omega_m$，而不取恰好等于 $2\omega_m$ 的情形。

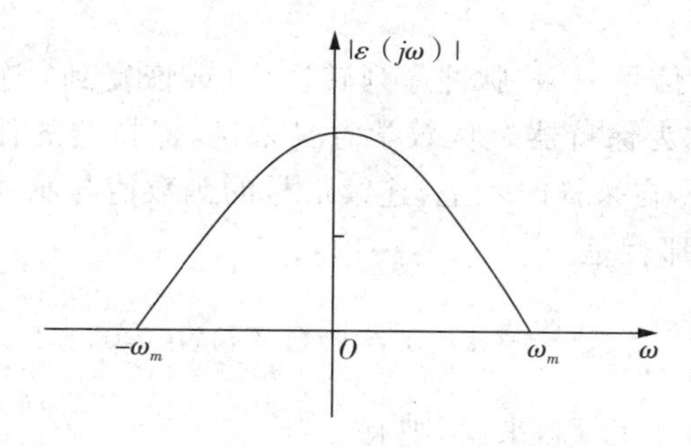

图 6 - 4　连续信号频谱

6.2.2　采样周期的选取

采样周期 T_0 是数值控制设计的一个关键因素，必须给以充分注意。采样定理只给出选取采样周期的基本原则，而并未给出解决实际问题的条件公式。显然，采样周期 T_0 选得越小，也就是采样频率 ω_s 选得越高，对系统控制过程的信息了解便越多，控制效果越好。但需注意，采样周期 T_0 选得太短，将增加不必要的计算负担，而 T_0 选得过长又会给控制过程带来较大的误差，降低系统的动态性能，甚至有可能导致整个控制系统的不稳定。在多数的过程控制中，一般微型数值计算机所能提供的运算速度，对于采样周期的选择来说，回旋余地较大。

对于随动控制系统，采样周期的选择在很大程度上取决于系统的性能指标。在一般情况下，控制系统的闭环频率相应具有低通滤波特性，当随动系统输入信号的频率高于其闭环幅频特性的谐振频率 ω_r 时，信号通过系统将会很快地衰减，而在随动系统中，一般可近似认为开环频率响应幅频特性的剪切频率 ω_c 与闭环频率响应幅频特性的谐振频率 ω_r 相当接近，即 $\omega_r \approx \omega_c$。也就是说，通过随动系统的控制信号的最高频率分量为 ω_c，超过 ω_c 的分量通过系统时将被大幅度地衰减掉。根据工程实践经验，随动系统的采样频率 ω_s 可选为

$$\omega_s \approx 10\omega_c \tag{6-6}$$

考虑到 $T_0 = 2\pi/\omega_s$，则按式(6 - 6) 选取的采样周期 T_0 与系统剪切频率 ω_c 的关系为

$$T_0 = \frac{\pi}{5} \cdot \frac{1}{\omega_c} \tag{6-7}$$

从时域性能指标来看，采样周期 T_0 通过单位阶跃响应的上升时间 t_r 及调整时间 t_s 可按下列经验关系选取，即

$$T_0 = \frac{1}{10} t_r \tag{6-8}$$

$$T_0 = \frac{1}{40} t_s \tag{6-9}$$

6.3 信号保持

信号保持是指将离散信号——脉冲序列转换为(或恢复到)连续信号的转换过程。用于这种转换过程的元件称为保持器。从数学意义来说,保持器的任务是解决各采样时刻之间的插值问题。我们知道,在采样时刻上,连续信号的函数值与脉冲序列的脉冲强度相等。以 nT_0 时刻的信号为例,那就是

$$\varepsilon(t)\big|_{t=nT_0}=\varepsilon(nT_0)=\varepsilon^*(nT_0),n=0,1,2,\cdots \tag{6-10}$$

以及对于采样时刻 $(n+1)T_0$,来说,则有

$$\varepsilon(t)\big|_{t=(n+1)T_0}=\varepsilon[(n+1)T_0]=\varepsilon^*[(n+1)T_0)] \tag{6-11}$$

然而在由脉冲序列 $\varepsilon^*(t)$ 向连续信号 $\varepsilon(t)$ 的转换过程中,处在 nT_0 与 $(n+1)T_0$ 相邻采样时刻之间的任意时刻 $nT_0+\tau(0<\tau<T_0)$ 上的连续信号 $\varepsilon(nT_0+\tau)$ 的值究竟有多大?它和 $\varepsilon(nT_0)$ 的关系将是怎样的?这些就是保持器要"回答"的问题。

6.3.1 零阶保持器

实际上,保持器是具有外推功能的元件。也就是说,保持器再现时刻(如 $nT_0+\tau(0<\tau<T_0)$)的输出信号取决于过去时刻(如 nT_0)离散信号的外推。在数值控制系统中,应用最广泛的是具有常值外推功能的保持器,或称为零阶保持器,用符号 H_0 来表示。也就是说,对于零阶保持器有下式成立:

$$\varepsilon(nT_0+\tau)=\alpha_0 \tag{6-12}$$

式(6-12)中,α_0 为常值,τ 的变化范围是 $0\leqslant\tau<T_0$。显然,在 $\tau=0$ 时,式(6-12)也成立,这时有

$$\varepsilon(nT_0)=\alpha_0 \tag{6-13}$$

由式(6-12)及式(6-13)求得

$$\varepsilon(nT_0+\tau)=\varepsilon(nT_0),0\leqslant\tau<T_0 \tag{6-14}$$

式(6-14)说明,零阶保持器是一种按常值规律外推的保持器。它把前一个采样时刻 nT_0 的采样值 $\varepsilon(nT_0)$ 不增不减地保持到下一个采样时刻 $(n+1)T_0$ 到来之前的一瞬间。当下一个采样时刻 $(n+1)T_0$ 到来时,应以 $\varepsilon[(n+1)T_0)]$ 为常值继续外推。也就是说,任何一个采样时刻的采样值只能作为常值保持到下一个相邻的采样时刻到来之前,其保持时间显然是一个采样周期 T_0。零阶保持器的输出信号 $\varepsilon_H(t)$ 如图 6-5 所示。

零阶保持器的时域特性 $g_H(t)$ 如图 6-6(a) 所示。它是高度为 1,宽度为 T_0 的方脉冲。

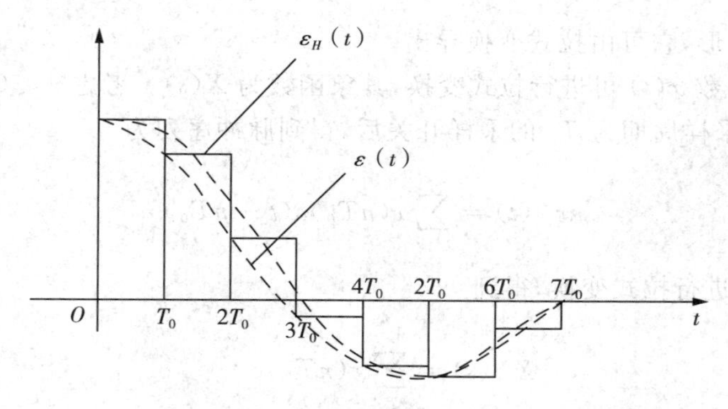

图 6-5　零阶保持器的输出曲线

高度等于1说明采样值经过保持器既不放大，也不衰减；宽度等于 T_0 说明零阶保持器对采样值只能不增不减地保持一个采样周期。由图 6-6(b) 求得零阶保持器的传递函数 $G_H(s)$ 为

$$G_H(s)=\frac{1-e^{-T_0 s}}{s} \tag{6-15}$$

由式(6-15) 求得零阶保持器的频率响应为

$$G_H(j\omega)=T_0\ \frac{\sin(\omega T_0/2)}{(\omega T_0/2)}\cdot e^{-j\frac{\omega T_0}{2}} \tag{6-16}$$

从图 6-5 看到，经由零阶保持器得到的连续信号具有阶梯形状，它并不等于采样前的连续信号 $\varepsilon(t)$。平均地看，由零阶保持器转换得到的连续信号(图 6-5 中的点划线) 在时间上要迟后于采样前的连续信号。式(6-16) 表明，这个滞后时间等于采样周期的一半，即 $T_0/2$。

零阶保持器相对其他类型的保持器具有实现容易及迟后时间小等优点，是在数值控制系统中应用最广泛的一种保持器。

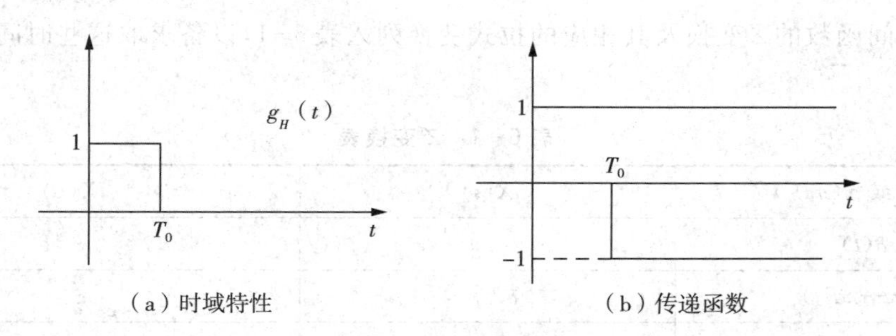

(a) 时域特性　　(b) 传递函数

图 6-6　零阶保持器的时域特性和传递函数

6.4　Z 变换

线性连续控制系统的动态及稳定特性可应用拉式变换进行分析。与此相似，线性数字控制系统的性能也可以应用基于拉式变换的 Z 变换方法来分析。Z 变换方法可看成是拉式

变换方法的一种变形，它可由拉式变换导出。

设连续时间函数 $x(t)$ 可进行拉式变换，其象函数为 $X(s)$。考虑 $t<0$ 时 $x(t)=0$，连续时间函数 $x(t)$ 经采样周期为 T_0 的采样开关后，得到脉冲序列为

$$x^*(t)=\sum_{n=0}^{\infty}x(nT_0)\delta(t-nT_0) \tag{6-17}$$

对式(6－17)进行拉式变换，得到

$$X^*(s)=\sum_{n=0}^{\infty}x(nT_0)e^{-nT_0 s} \tag{6-18}$$

因复变量 s 含在指数 $e^{-nT_0 s}$ 中不便计算，故引入一个新变量

$$Z=e^{T_0 s} \tag{6-19}$$

将式(6－19)代入式(6－18)，便求得以 z 为变量的函数 $X(z)$，即

$$X(z)=\sum_{n=0}^{\infty}x(nT_0)z^{-n} \tag{6-20}$$

式(6－20)所示 $X(z)$ 称为离散时间函数——脉冲序列 $x^*(t)$ 的 Z 变换，记为 $X(z)=Z[x(t)]$。

需指出，在 Z 变换过程中，由于考虑的仅是连续时间函数经采样开关采样后的离散时间函数——脉冲序列，也就是说，考虑的仅是连续时间函数在采样时刻上的采样值，因此式(6－20)表达的仅是连续时间函数在采样时刻的信息，而不反映采样时刻之间的信息，从这种意义上说，连续时间函数 $x(t)$ 与相应的采样脉冲序列 $x^*(t)$ 具有相同的 Z 变换，即

$$X(z)=Z[x^*(t)]=Z[x(t)] \tag{6-21}$$

常见时间函数的 Z 变换及其相应的拉式变换列入表 6-1，以备求取这些时间函数的 Z 变换时查用。

表 6－1　Z 变换表

$X(t)$ 或 $x(nT_0)$	$X(s)$	$X(z)$
$\delta(t)$	1	z^{-0}
$\delta(t-nT_0)$	$e^{-nT_0 s}$	z^{-n}
$1(t)$	$\frac{1}{s}$	$\frac{z}{z-1}$
t	$\frac{1}{s^2}$	$\frac{T_0 z}{(z-1)^2}$
$\frac{t^2}{2}$	$\frac{1}{s^3}$	$\frac{T_0}{2}\cdot\frac{z(z+1)}{(z-1)^3}$
e^{-at}	$\frac{1}{s+a}$	$\frac{z}{z-e^{-aT_0}}$

（续表）

$X(t)$ 或 $x(nT_0)$	$X(s)$	$X(z)$
$t \cdot e^{-at}$	$\frac{1}{(s+a)^2}$	$\frac{T_0 z e^{-aT_0}}{(z-e^{-aT_0})^2}$
$\sin\omega t$	$\frac{\omega}{s^2+\omega^2}$	$\frac{z\sin\omega T_0}{z^2-2z\cos\omega T_0+1}$
$\cos\omega t$	$\frac{s}{s^2+\omega^2}$	$\frac{z(z-\cos\omega T_0)}{z^2-2z\cos\omega T_0+1}$

6.5 脉冲传递函数

分析线性数字控制系统时，脉冲传递函数是个很重要的概念。正如线性连续控制系统的特性可由传递函数来描述一样，线性数字控制系统的特性可通过脉冲传递函数来描述。图 6-7 所示为典型开环线性数字控制系统的方框图，其中 $G(s)$ 为该系统连续部分的传递函数。连续部分的输入为采样周期等于 T_0 的脉冲序列 $\varepsilon^*(t)$，其输出为经虚拟同步采样开关的脉冲序列 $c^*(t)$。$c^*(t)$ 反映连续输出 $c(t)$ 在采样时刻上的离散值。

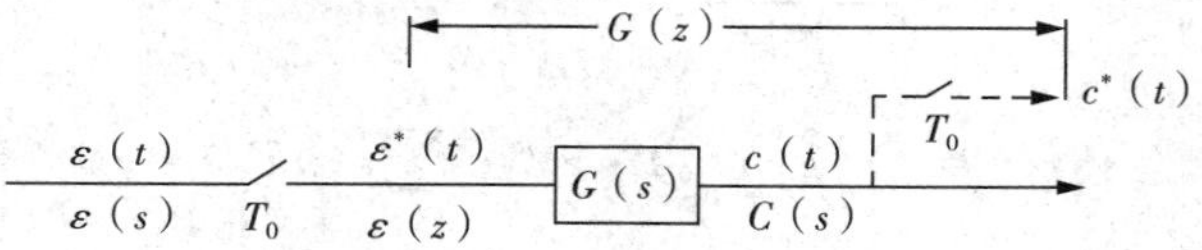

图 6-7 开环线性数字控制系统方框图

脉冲传递函数的定义是输出脉冲序列的 Z 变换与输入脉冲序列的 Z 变换之比。如图 6-7 所示开环线性数字控制系统的连续部分的脉冲传递函数为

$$G(z)=\frac{Z[c^*(t)]}{Z[\varepsilon^*(t)]}=\frac{C(z)}{\varepsilon(z)} \tag{6-22}$$

脉冲传递函数 $G(z)$ 可通过连续部分的传递函数 $G(s)$ 来求取。

下面从线性连续系统响应理想单位脉冲 $\delta(t)$ 的脉冲响应 $g(t)$ 角度说明脉冲传递函数的物理意义。

基于脉冲响应概念，当线性数字控制系统连续部分的输入信号为脉冲序列时，即

$$\varepsilon_h^* = \sum_{n=0}^{\infty}\varepsilon(nT_0)\delta(t-nT_0) \tag{6-23}$$

其输出为一系列脉冲响应之和，即

$$c(t)=\varepsilon(0)g(t)+\varepsilon(T_0)g(t-T_0)+\cdots+\varepsilon(nT_0)g(t-nT_0)+\cdots \tag{6-24}$$

在 $t=mT_0$ 时刻,输出响应 $c(t)$ 的脉冲强度为

$$c(mT_0)=\varepsilon(0)g(mT_0)+\varepsilon(T_0)g[(m-1)T_0)]+\cdots+\varepsilon(nT_0)g[(m-n)T_0)]+\cdots$$

$$=\sum_{n=0}^{\infty}\varepsilon(nT_0)g[(m-n)T_0)] \tag{6-25}$$

由于 $c(mT_0)$ 只表示发生在 mT_0 时刻的脉冲强度,故输出的脉冲响应序列为

$$c^*(t)=\sum_{m=0}^{\infty}c(mT_0)\delta(t-mT_0) \tag{6-26}$$

对式(6-26)去 Z 变换,得到

$$C(z)=\sum_{m=0}^{\infty}c(mT_0)z^{-m}=\sum_{m=0}^{\infty}\sum_{n=0}^{\infty}\varepsilon(nT_0)g[(m-n)T_0]\cdot z^{-m} \tag{6-27}$$

记 $m-n=h$,式(6-27)可改写为

$$C(z)=\sum_{h=-n}^{\infty}\sum_{n=0}^{\infty}\varepsilon(nT_0)g(hT_0)\cdot z^{-n}\cdot z^{-h} \tag{6-28}$$

由于 $h<0$,即 $m-n<0$,$g[(m-n)T_0]=0$,故有

$$C(z)=\sum_{h=-n}^{\infty}\sum_{n=0}^{\infty}\varepsilon(nT_0)g(hT_0)\cdot z^{-n}\cdot z^{-h}$$

$$=\sum_{n=0}^{\infty}g(hT_0)\cdot z^{-h}\cdot\sum_{n=0}^{\infty}\varepsilon(nT_0)\cdot z^{-n} \tag{6-29}$$

$$=G(z)\cdot\varepsilon(z)$$

其中,

$$G(z)=\sum_{n=0}^{\infty}g(hT_0)\cdot z^{-h} \tag{6-30}$$

于是求得

$$G(z)=\frac{C(z)}{\varepsilon(z)} \tag{6-31}$$

这便是上面定义的脉冲传递函数。从以 Z 变换形式表达的 $G(z)$ 定义看到,系统的响应速度越高,其脉冲响应 $g(t)$ 衰减越快,因此,相应的脉冲传递函数 $G(z)$ 展开式中包含的项数便越小。

6.5.1 线性数字控制系统的开环脉冲传递函数

线性数字控制系统开环脉冲传递函数的定义是主反馈信号与偏差信号 Z 变换之比。

$$G(z)=\frac{Y(z)}{\varepsilon(z)} \tag{6-32}$$

式(6-32)中,$G(z)$为开环脉冲传递函数;$\varepsilon(z)$为偏差信号的Z变换;$Y(z)$为主反馈信号的Z变换。

图 6-8 所示为线性数字控制系统开环方框图的两种形式,其中$G_0(z)$为前向通道传递函数,$H(z)$为主反馈通道传递函数;图 6-8(a)为无同步采样开关隔离时系统方框图,图 6-8(b)为有同步采样开关隔离时系统方框图。

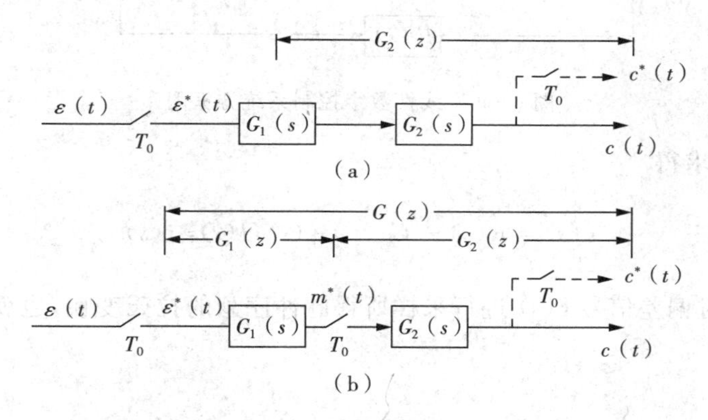

图 6-8　线性数字控制系统开环方框图

下面分两种情况分析线性数字控制系统的开环脉冲传递函数。

(1) 串联环节间无同步采样开关隔离时的脉冲传递函数

图 6-8(a)所示串联环节无同步采样开关隔离时,其脉冲传递函数$G(z)=C(z)/\varepsilon(z)$由描述连续工作状态的传递函数$G_1(s)$与$G_2(s)$乘积来求取,记为

$$G(z)=Z[G_1(s)G_2(s)]=G_1G_2(z) \tag{6-33}$$

(2) 串联环节间有同步采样开关隔离时的脉冲传递函数

图 6-8(b)所示串联环节有同步采样开关隔离时,其脉冲传递函$G(z)=C(z)/\varepsilon(z)$等于各串联环节的脉冲传递函数$G_1(z)$与$G_2(z)$之积,即

$$G(z)=G_1(z)G_2(z) \tag{6-34}$$

其中,$G_1(z)=Z[G_1(z)]$及$G_2(z)=Z[G_2(z)]$分别由相应的传递函数$G_1(s)$及$G_2(s)$求取。

6.5.2　线性数字控制系统的闭环脉冲传递函数

典型线性数字控制系统的方框图如图 6-9 所示。

首先求得在控制信号$r(t)$作用下线性数字控制系统的闭环脉冲传递函数。从图 6-9 可写出下列关系式:

$$\begin{aligned}C(s)&=G_1(s)G_2(s)\varepsilon^*(s)\\Y(s)&=H(s)C(s)\\\varepsilon(s)&=R(s)-Y(s)\end{aligned} \tag{6-35}$$

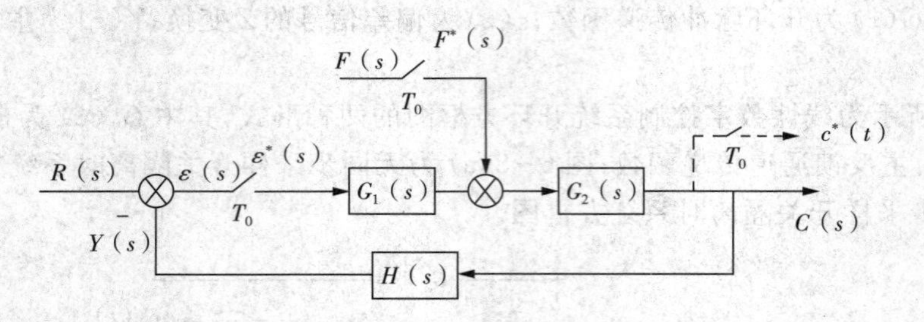

图 6-9　线性数字控制系统方框图

由式(6-35)求得

$$\varepsilon(s)=R(s)-G_1(s)G_2(s)H(s)\varepsilon^*(s) \tag{6-36}$$

其中,$\varepsilon^*(s)$ 代表对偏差信号 $\varepsilon(s)$ 进行采样所得脉冲序列的拉氏变换,也就是离散偏差的 Z 变换,即有

$$\varepsilon^*(s)=\varepsilon(z) \tag{6-37}$$

将式(6-37)代入式(6-36),并将式(6-36)等号两边各项取 Z 变换,可得

$$\varepsilon(z)=R(z)-G_1G_2H(z)\cdot\varepsilon(z) \tag{6-38}$$

由式(6-38)求得偏差信号对于控制信号的闭环脉冲传递函数为

$$\frac{\varepsilon(z)}{R(z)}=\frac{1}{1+G_1G_2H(z)} \tag{6-39}$$

考虑到 $C(z)=G_1G_2(z)\cdot\varepsilon(z)$,则　(6-40)

由式求得被控制信号对于控制信号的闭环脉冲传递函数为

$$\frac{C(z)}{R(z)}=\frac{G_1G_2(z)}{1+G_1G_2H(s)} \tag{6-41}$$

其次求取在扰动信号 $f(t)$ 单独作用下线性数字控制系统的闭环脉冲传递函数。由图 6-9 可得

$$\begin{aligned}C(z)&=G_2(z)F(z)+G_1G_2(z)\varepsilon(z)\\ \varepsilon(z)&=-H(z)\cdot C(z)\end{aligned} \tag{6-42}$$

由式(6-42)最终求得被控制信号对扰动信号的闭环脉冲传递函数为

$$\frac{C(z)}{F(z)}=\frac{G_2(z)}{1+G_1G_2H(s)} \tag{6-43}$$

对于单位反馈线性控制系统，由于 $H(s)=1$，因此式分别变成

$$\frac{\varepsilon(z)}{R(z)}=\frac{1}{1+G_1G_2(z)}$$

$$\frac{C(z)}{R(z)}=\frac{G_1G_2(z)}{1+G_1G_2(z)} \tag{6-44}$$

$$\frac{C(z)}{F(z)}=\frac{G_2(z)}{1+G_1G_2(z)}$$

6.6　稳定性分析

本节介绍线性数字控制系统在 z 平面的稳定性分析。为此，首先说明 s 平面与 z 平面的映射关系。

6.6.1　s 平面与 z 平面的映射关系

复变量 s 与复变量 z 间的转换关系为

$$z=\mathrm{e}^{T_0 s} \tag{6-45}$$

式(6-45)中，T_0 为采样周期。在式中，代入 $s=\sigma+j\omega$，得到

$$|z|=\mathrm{e}^{T_0\sigma}\angle z=T_0\omega \tag{6-46}$$

对于 s 平面的虚轴，复变量的实部 $\sigma=0$，其虚部 ω 从 $-\infty$ 变至 $+\infty$。从式(6-46)可见，$\sigma=0$ 对应 $|z|=1$，ω 从 $-\infty$ 变至 $+\infty$ 对应复变量 z 的幅角 $\angle z$ 也从 $-\infty$ 变到当 $+\infty$。当 ω 从 $-\omega_s/2$ 变到 $+\omega_s/2$ 时，$\angle z$ 由 $-\pi$ 变到 $+\pi$。因此，平面虚轴上 $-j\omega_s/2\sim+j\omega_s/2$ 区段，见图6-10(a)，映射到 z 平面为一单位圆，如图 6-10(b) 所示。不难看出，虚轴上 $-3j\omega_s/2\sim-j\omega_s/2$ 以及 $+j\omega_s/2\sim+3j\omega_s/2$ 等区段在 z 平面上的映射同样是一单位圆。这样，当复变量 s 从 s 平面虚轴的 $-j\infty$ 变到 $+j\infty$ 时，复变量 z 在 z 平面将按逆时针方向沿单位圆重复转过无穷多圈，也就是说 s 平面的虚轴在 z 平面的映像为单位圆。

在 s 平面的左半部，复变量 s 的实部 $\sigma<0$，因此 $|z|<1$。这样 s 平面的左半部映射到 z 平面的单位圆内部，同理，s 平面右半部($\sigma>0$) 在 z 平面的映像为单位圆外部区域。

从对 s 平面与 z 平面映射关系的分析可见，平面上的稳定区域 z(左半部) 在 z 平面上的映像为单位圆内部区域。这说明，在 z 平面中，单位圆之内是 z 平面的稳定区域，其外部是 z 平面的不稳定区域；而单位圆的周线则是临界稳定的标志。

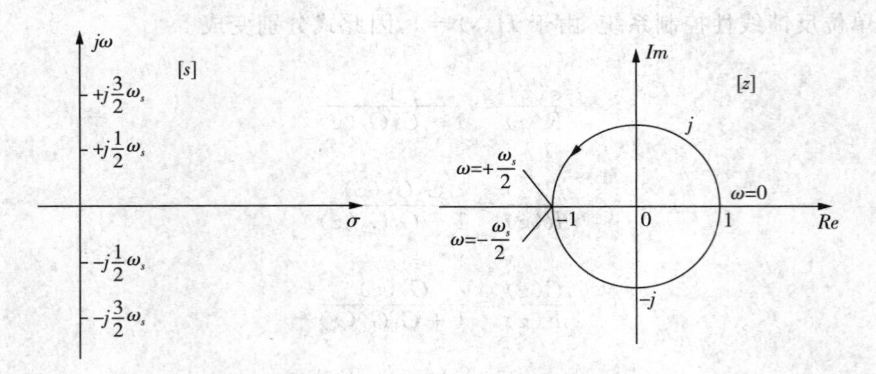

图 6-10　s 平面虚轴在 z 平面上的映射

6.6.2　线性数字控制系统稳定的充要条件

如图 6-9 所示线性数字控制系统的闭环脉冲传递函数为

$$\frac{C(z)}{R(z)}=\frac{G_1G_2(z)}{1+G_1G_2H(z)} \tag{6-47}$$

由式(6-47)求得闭环系统的特征方程为

$$1+G_1G_2H(z)=0 \tag{6-48}$$

设闭环系统的特征根或闭环脉冲传递函数的极点为 $z_1,z_2,\cdots,z_n$，则线性数字控制系统稳定的充要条件是：

线性数字控制系统的全部特征根 $z_i(i=1,2,\cdots,n)$ 均需分布在 z 平面的单位圆内，或全部特征根的模必须小于 1，即 $|z_i|<1(i=1,2,\cdots,n)$，如果在上述特征根中，有位于单位圆之外者时，则闭环系统将是不稳定的。

6.6.3　劳斯稳定判据

分析线性连续控制系统时，曾应用劳斯稳定判据判断系统的特征根中位于 s 平面右半部的个数，以此鉴别系统是否稳定。对于线性数字控制系统，也可以用劳斯稳定判据分析其稳定性。不过，需注意，不能直接应用以复变量 z 表示的特征方程，而必须首先进行所谓的 z 变换

$$z=\frac{\omega+1}{\omega-1} \tag{6-49}$$

然后再对以 ω 为变量的特征方程应用劳斯稳定判据分析线性数字控制系统的稳定性。

在应用劳斯稳定判据分析线性数字控制系统的稳定性之前，需要说明由 ω 变换联系起来的 z 平面与 ω 平面间的映射关系。为此，分别设复变量 z 与 ω 为

$$
\begin{aligned}
z &= x + jy \\
\omega &= u + jv
\end{aligned}
\tag{6-50}
$$

将式(6-49)改写成

$$\omega = \frac{z+1}{z-1} \tag{6-51}$$

将复变量 z 及 ω 通过它们的实部、虚部表示代入式(6-51)，即得

$$\omega = u + jv = \frac{(x^2+y^2)-1}{(x-1)^2+y^2} - j\frac{2y}{(x-1)^2+y^2} \tag{6-52}$$

其中 $x^2+y^2=|z|^2$。从式看到，当复变量 z 的模 $|z|=1$ 时，复变量 ω 的实部等于 0，而其虚部不为 0，这说明 z 平面单位圆在 ω 平面上的映像为 ω 平面的虚轴。对所有模大于 1 的复变量 z 来说，因为复变量 ω 的实部为正，故 z 平面单位圆外部区域在 ω 平面上的影响将是其整个右半部。同理，对于所有模小于 1 的复变量 z，由于对应的复变量 ω 的实部为负，故 z 平面单位圆内部区域在 ω 平面上的影响将是其整个左半部。z 平面与 ω 平面间的映射关系见图 6-11。

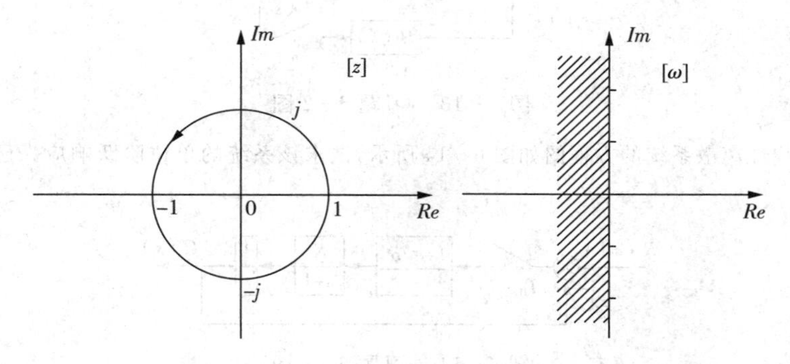

图 6-11　s 平面到 ω 平面上的映射

基于上述 z 平面与 ω 平面间的映射关系结论，闭环系统特征方程通过 ω 变换后，由于完全符合劳斯稳定判据的应用条件，故可根据以复变量 ω 表示的闭环系统特征方程应用劳斯稳定判据分析线性数字控制系统的稳定性。

本章小结

本章讨论了线性离散系统的分析与设计方法，它是数字控制系统的基础理论。

(1) 提出了离散控制系统的基本概念，介绍了采样控制系统与数字控制系统的基本结构框图，从而明确了离散控制系统的特点和研究方法。讨论了离散信号的数学描述，介绍了信号的采样和保持。

(2) 介绍了 Z 变换的定义以及 Z 反变换。Z 变换工具在线性离散系统找那个起的作用与拉普拉斯变换在线性连续系统中期的作用十分类似。

(3) 讨论了离散控制系统稳定性。在稳定性方面，主要讨论了 z 平面到 ω 平面的双线性变换以及劳斯代数判据的方法。

习　题

6-1　试求如图 6-12 所示线性离散系统的闭环脉冲传递函数 $C(z)/R(z)$。

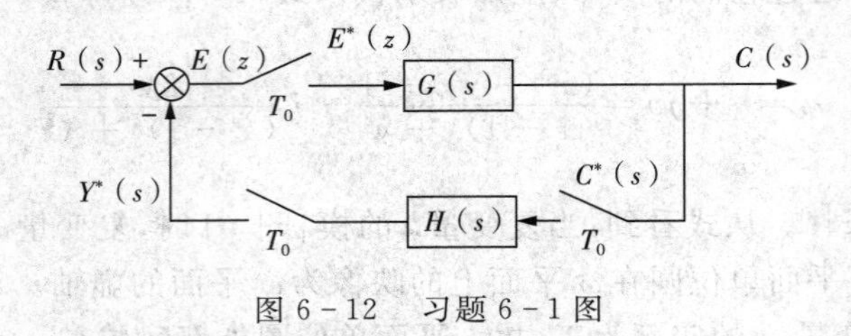

图 6-12　习题 6-1 图

6-2　试求如图 6-13 所示线性离散系统输出变量的 Z 变换 $C(z)$。

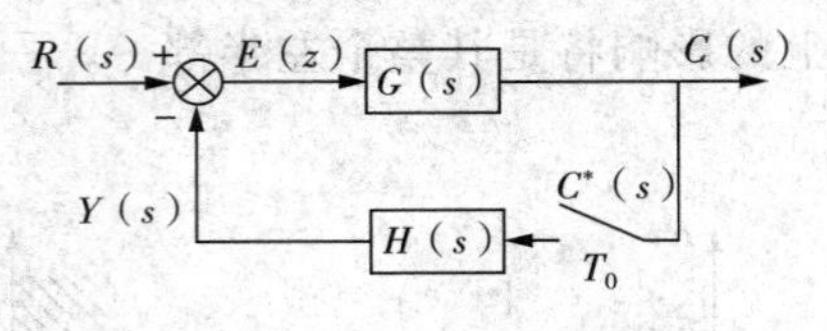

图 6-13　习题 6-2 图

6-3　设某线性离散系统的方框图如图 6-14 所示，试求该系统的单位阶跃响应。已知采用周期 $T_0 = 1\text{s}$。

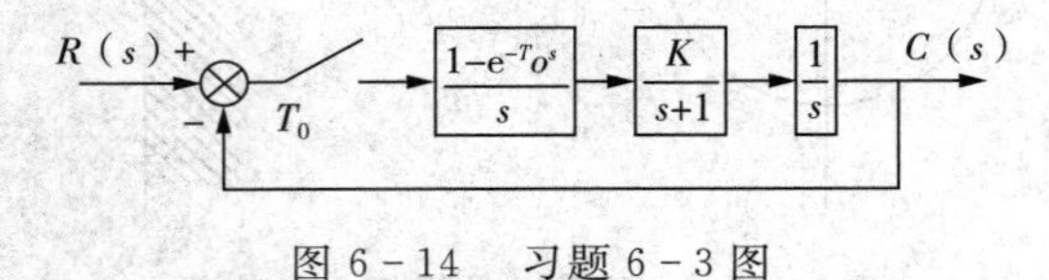

图 6-14　习题 6-3 图

6-4　设某线性离散系统的方框图如图 6-15 所示，试分析该系统的稳定性，并确定使系统稳定的参数 K 的取值范围。

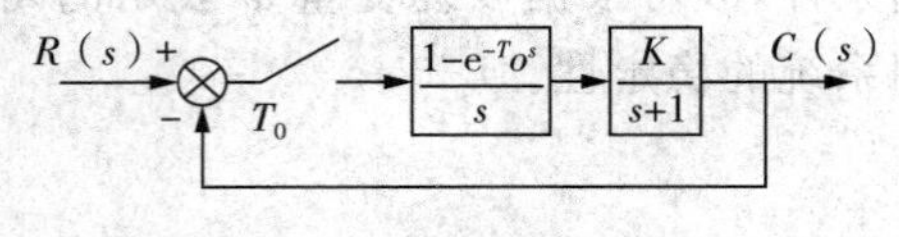

图 6-15　习题 6-4 图

6-5　试分析如图 6-16 所示线性离散系统的稳定性。设采样周期 $T_0 = 0.2\text{s}$。

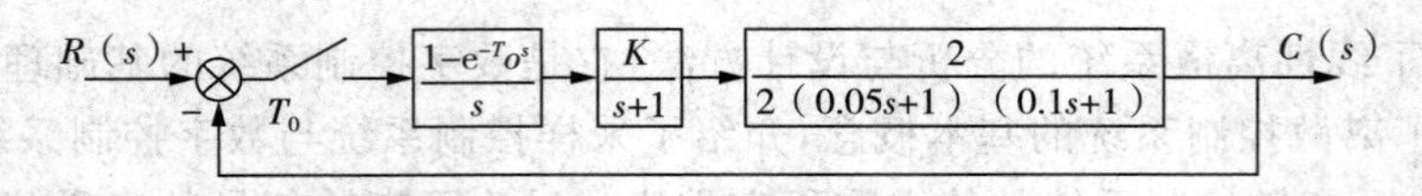

图 6-16　习题 6-5 图

6－6　试求如图 6－17 所示线性离散系统的输出变量的 Z 变换 $C(z)$。

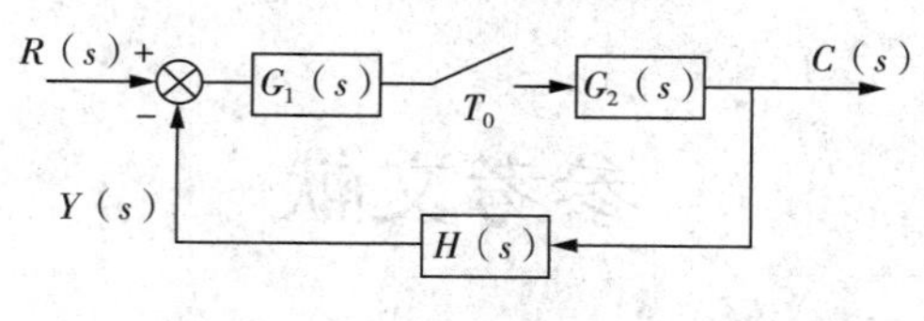

图 6－17　习题 6－6 图

6－7　设某线性离散系统方框图如图 6－18 所示，试求取该系统的单位阶跃响应，已知采样周期 $T_0 = 1\text{s}$。

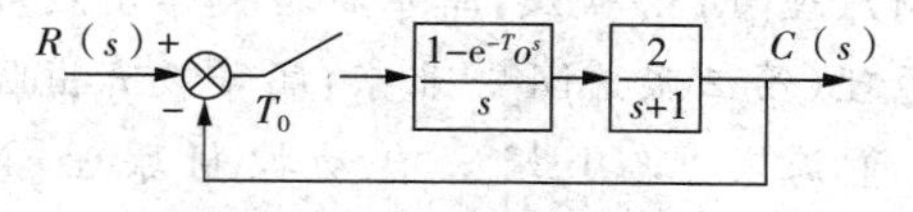

图 6－18　习题 6－7 图

6－8　设某线性离散系统方框图如图 6－19 所示，其中参数 $T>0, K>0$。试确定给定系统稳定时参数 K 的取值范围。

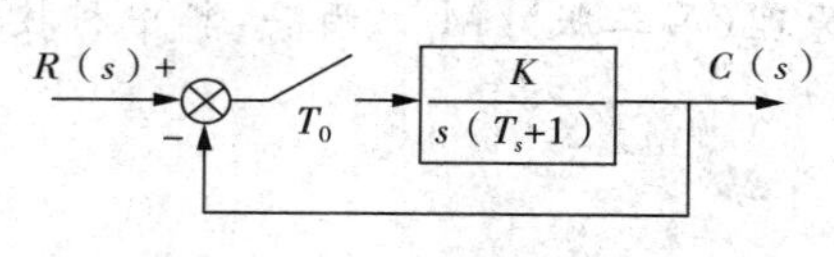

图 6－19　习题 6－8 图

参考文献

[1] 胡寿松．自动控制原理[M]．北京：科学出版社，2013.

[2] 张晓丹．自动控制原理[M]．武汉：华中科技大学出版社，2015.

[3] 孙亮．自动控制原理（第三版）[M]．北京：高等教育出版社，2011.

[4] 滕青芳，范多旺，董海英，路小娟．自动控制原理[M]．北京：机械工业出版社，2015.

[5] 吴怀宇，廖家平．自动控制原理（第二版）[M]．武汉：华中科技大学出版社，2014.

[6] 温希东．自动控制原理及其应用[M]．西安：西安电子科技大学出版社，2004.

[7] 赵四化．自动控制原理（第二版）[M]．西安：华中科技大学出版社，2009.

图书在版编目(CIP)数据

自动控制原理/徐江陵主编. —合肥:合肥工业大学出版社,2018.5
ISBN 978-7-5650-3924-9

Ⅰ.①自…　Ⅱ.①徐…　Ⅲ.①自动控制理论　Ⅳ.①TP13

中国版本图书馆CIP数据核字(2018)第096411号

自动控制原理

主　编　徐江陵　　　　责任编辑　马成勋

出　版	合肥工业大学出版社	版　次	2018年5月第1版
地　址	合肥市屯溪路193号	印　次	2018年5月第1次印刷
邮　编	230009	开　本	787毫米×1092毫米　1/16
电　话	理工编辑部:0551-62903200	印　张	8.25
	市场营销部:0551-62903198	字　数	192千字
网　址	www.hfutpress.com.cn	印　刷	安徽联众印刷有限公司
E-mail	hfutpress@163.com	发　行	全国新华书店

ISBN 978-7-5650-3924-9　　　　定价:20.00元